上海百年老字号 · 青年说系列

味 与 道

主　编　许瑛瑛
副主编　刘陈鑫

上海交通大學出版社
SHANGHAI JIAO TONG UNIVERSITY PRESS

内容提要

本书是上海商学院立足于大学生传统商业文化教育，开展“百名师生寻访百家百年老字号”项目的成果之一。本书着重梳理了上海美食类老字号的发展历程以及品牌文化内涵，不仅展现了学生在实践活动中对传统企业、百年老店的认识，提高了师生对传统商业文化继承与发扬的信心，也可为普通读者展开上海美食文化之旅提供参考与借鉴。

图书在版编目（CIP）数据

味与道/许瑛瑛主编．—上海：上海交通大学出版社，2020

ISBN 978-7-313-22850-5

Ⅰ．①味…　Ⅱ．①许…　Ⅲ．①饮食—文化—上海

Ⅳ．①TS971.202.51

中国版本图书馆CIP数据核字（2020）第004046号

味与道

WEI YU DAO

主　　编：许瑛瑛

出版发行：上海交通大学出版社　　地　　址：上海市番禺路951号

邮政编码：200030　　电　　话：021-64071208

印　　制：江苏凤凰数码印务有限公司　　经　　销：全国新华书店

开　　本：880 mm × 1230 mm　1/32　　印　　张：8

字　　数：184千字

版　　次：2020年11月第1版　　印　　次：2020年11月第1次印刷

书　　号：ISBN 978-7-313-22850-5

定　　价：68.00元

编 委 会

主　编： 许瑛瑛

副主编： 刘陈鑫

编　委：

于振杰　马嘉玲　杨瑞子　李　俊
陈　浩　周雪琪　胡　欢　姜森云
姚鸿杰　袁黄秀　贾捷颖　黄子校
黄李艳　曹程柯　褚永怡　裴钰彬

序

传统商业文化融入高校商科人才素质养成的实践与探索

——以上海商学院“三百工程”为例

进入21世纪后，随着市场经济体制的不断完善和水平提升，全球化经济打破了各国、各地区的经济运营模式，对各行、各业的人才需求更加综合全面，适时培养高素质的复合型人才迫在眉睫。作为培养商科专门人才的商学院，应该以“就业为导向”“能力为核心”培养具有传统人文底蕴，又具有开拓精神、懂得专业知识的商科人才为己任，这就需要商学院在注重传授商业知识的同时，更应该加强商业文化素质的养成。一切文化都具有历史的传承性，而商业文化作为一种社会文化现象，随着商品交换的产生而产生，迄今为止有着悠久的历史。商业文化作为现代的一个专门学科的建立，只有不到20年时间，是一门年轻、富有朝气的新学科。

上海商学院作为上海市唯一一所“以商立校”的商科类本科院校，是为国家和地区培养商业类专门人才的高等教育机构，传授商业文化知识，传承商业文化精神，创新和发展商业文化脉络，是商学院文化育人重要的渠道。为此，上海商学院开展了商业文化寻访“三百工程”活动，积极探索商业文化寻访实践对大学生认知商业文化，传承商业文化的有效途径，内驱商学院大学生们成为商业文化传承者、发展者和创新者的动力，为商业领域培养既有商业知识又有商业文化的“儒商”。

“三百工程”的启动与实践

21世纪是一个新经济时代，人力资本是最重要的资源。90后大学生是社会转型期成长起来的新一代，是在校大学生的主体。对于90后商科类大学生来说，加强商业文化知识的普及和传承尤为必要。作为商科类院校的大学生，不仅需要具备商业类专业技能，更需把握商业文化的脉络，领悟商业文化的精髓，这是时代所需，也是商业发展所需。

90后大学生追求个性、喜欢探索、价值取向多元化。采用社会实践的方式让其了解、熟悉商业文化知识，传承商业文化精神，发展、创新商业文化，这是学生易于接受和喜欢的方式。通过大学生商业文化寻访，让90后大学生初步了解商业文化知识，为将来成为商业文化知识的传承者、发展者和创新者，打下一定的基础。有鉴于此，在学院党委和职能部门的支持下，“全国商业文化寻访——做历史文化的传承者”大学生社会实践项目于2012年7月正式启动，让百名学生寻访百家百年老字号实践活动，也称“三百工程”。在全校范围内宣传和动员，鼓励在校大学生积极响应“认识家乡文化，弘扬家乡文化，做家乡商业文化发展与繁荣的传承者”的号召，利用寒暑假，以学院、专业组队或以家乡地域范围组队，走访我国传统商业文化发达地区省、市（州）、县级地区。认真了解当地商业文化历史，有针对性地开展寻访实践活动，重点寻访目的地的商业精神文化、商品文化、品牌、商号、商标文化、营销文化、商业伦理文化、商业环境文化、商业名人、商业发展历史、重要商业事件等项目，大量收集相关资料、数据、志传，更加全面地分析和研究我国商业文化历史变迁。为顺利完成商业文化调研寻访素材的收集和整合，我们不仅聘请了总顾问，还聘请了《青年报》总编辑、《中国青年报》上海站站长等人员组成校内外专家团，专业指导实践活动的开展。

目前，我校集中性的全国商业文化寻访活动于2012年7月至8月，2013年7月至8月和2015年7月至8月先后共开展了三次。来自8个二级学院千余名学生积极参与到此次活动中，寻访覆盖了全国20多个省市，包括黑龙江、辽宁、内蒙古、新疆、山东、山西、上海、湖南、江苏、浙江、成都、贵州、广东等地的商业文化，寻访包含了具有代表性的蜀商文化、徽商文化、晋商文化、沪商文化、浙商文化等。自2012年7月寻访活动第一期启动以来，师生深入全国各地开展各式各样的文化寻访活动，采取对家乡的各大商业博物馆的走访、商业文化书籍及资料的查询、购买等形式，对十大商业流派的文化内容进行了梳理和呈现。

通过第一期寻访活动对各大商业流派进行纵向的梳理，第二期寻访活动在对流派的纵向归纳总结基础上，添加了许多流派内不同地区的横向比较元素，着眼于商业文化的载体，如商业城区的历史变迁、商业活动中的议价方式等，通过史料查询及对特殊人群的访谈调查，对不同商帮的文化差异有了更直观的了解，达到了寻访商业文化的阶段性目的，增强了大学生学习商科、传承商业文化的兴趣与担当。

我国商业文化的发展与构成

20世纪80年代，市场经济的繁荣更加剧了竞争的残酷，西方经济学者率先发现，企业要立于不败之地生存下去，需要从文化层面寻找生存和发展之道，提出了商业企业文化这一新的课题。在此理论背景下，我国商业企业界、商业理论界也认识到发展商业企业文化的重要性和现实意义，从而在全国范围内兴起了商业企业文化热，各类商业企业都重视商业企业文化建设，把文化融于企业、厂房、店堂之内，让生产、经营者和消费者在生产、经营、消费商品的同时，感受商业企业文化带来的高附加值，体验商业企业文化之美，提升消费的档次。由此，来源于商业企业管理和文化之躯，又融入社会学、伦理学、心理学、美学等多学科内容之血肉的商业企业文化，逐渐壮大发展成为一门边缘性和综合性的新学科。

商业企业文化，又称商业文化，是指商业主体在商业流通和服务领域中通过长期实践活动所创造的物质文明和精神文明的结合。今天，我们所说的商业文化是社会主义的商业文化，是对我国古代商业文化合理的继承和发展，是具有中国特色和现代特色的商业文化，具体构成有：

1. 商业精神文化

商业精神文化是属于精神范畴的一种文化，它扎根于人的内心世界，由一种坚定的信念所支撑。表现形式可以体现在一项原则、一句口号、一种规范等文字表述上，也可以体现在喜闻乐见的歌谣、徽标、logo等听觉、视觉效果之中，对外树立形象之美，增强品牌竞争能力，对内激发员工之能，增强凝聚创造能力，把商业实践的精神风貌与人的三观紧密结合，形成宝贵的精神文化财富。

2. 商品文化

商品流通的本源归属于人民，大凡成功的商品，都内聚着一定的文化内涵，无论在商品质量、名称、外观、包装上都体现着一定地域或民族的文明水平，比如北方的商品处处透着粗犷、大气的特征，而南方的商品处处透着精巧、细腻的情怀。体现地域差别、性格差别、人文修养差别，也是商品文化千差万别存在的意义。

3. 商号商标文化

商号商标文化大多以图案、文字或图文结合的形式表现出品牌的内涵与外延，表达人们良好的愿望，更体现着人们的文化意识和商品色彩形象及实用功能。比如我们熟知的“绿叶衬衫”“红豆内衣”“恒源祥”“益寿堂”等商号，无不蕴含着深厚的民族文化色彩于商号商标之内。

4. 营销文化

生产资料的剩余出现了商品交换，这也是商业的最根本任务。联结着生产与消费的纽带是营销，营销的手段是多种多样的，有厂家直销、代销、柜台展示、让利促销、甩卖等形式，无论哪种营销方式都体现了一定的经营意识和商业哲学，“一样货，百样卖”就体现了营销文化的差异，不同的营销文化可以创造出不同的顾客群体，所有的顾客群体都会给商业企业带来丰厚的利润，因而各显神通营销的实质也是对营销文化不同境界的诠释。

5. 商业环境文化

商业环境文化可以体现在商业建筑、商业设施以及影响商业活动的整体环境氛围中，也可以体现在厂房店堂设计、配套服务、个性化装饰等局部环境塑造上。环境设计巧妙、色调和谐，令人赏心悦目；商品布局合理、明码标价，顾客购买方便，这都是商业环境文化必须考虑的问题。比如，在寒舍、农家乐里就应该高挂灯笼，方桌长凳，而在白金汉爵、水天堂等高档酒店里就应该有水晶吊灯，圆台沙发，才能相得益彰，才能体现商业环境文化之雅。

探索培养具有现代特质商业人才的途径

我国的商业文化学科在改革开放的大潮中诞生，并日趋完善。商业建设由技术中心、商品中心、利润中心逐渐向文化中心过渡，呈现出了良好的发展态势。许多工商企业已深知，商业文化是更深层次提高服务质量和竞争能力的有效途径，细节决定成败，精细管理出效益。在实践中，不仅要积极开发商业企业自身文化潜力，还要积极引进吸取外部先进经验。传承商业文化，发展商业文化，创新商业文化，归根结底，需要培养造就一批适应社会主义商业特色，又具有现代特质的商业人才来实现。

1. 培养具有现代商业精神的商科人才

现阶段，我国社会主义现代化建设的首要任务是解放和发展生产力，其中起决定作用的是人。商业企业需要建立一支确立以人为本理念的优秀管理者队伍，做到人尽其才，人尽其能，人尽其用。牢固树立商业企业服务准则，以“为人民服务”为核心思想，完善人格，无私奉献。依靠挖掘自身潜力和优质服务建立能力价值观，彻底消除金钱观、权力观和关系观，消除“本位主义”的自我为中心，团结爱护每一位员工，把自己融入集体之中，统一协调、励精图治，树立起以文化制胜的精神风貌，员工至上，理解并保护员工合理的个人利益，把现代商业精神扎根于员工的内心和精神世界，为现代企业核心竞争力丰富内涵。

2. 培养具有高尚商业道德的商科人才

商业道德的核心是义利关系。俗话说，“无商不奸”，就是对商人追求“利”的形象描述。商人“重利轻义”“见利忘义”的事例屡见不鲜。当代大学生，是受过良好高等教育的社会主义事业接班人，必须抛弃一切腐朽的商业道德，不唯利是图，以“义”为先，以“德”服人，树立良好的职业操守，坚守道德底线，维护商业道德尊严，成就“儒商”头衔，做社会主义商业道德建设的排头兵和领路人。商业企业应遵守法律法规，建立现代企业制度，优化人力资源配置，靠过硬的商品质量和优质服务，赢得企业生存、发展的机遇。

3. 培养具有双赢商业理念的商科人才

企业价值观是企业文化的核心，它存在于企业生产经营管理的各个环节之中，直接影响着全体员工的思想和行为，并间接影响着合作伙伴和客户。市场经济建立初期，大多企业只顾自己的企业利益，不管他人死活，奉行利益至上的单赢价值观。随着现代企业制度的建立，企业之间依存性增强，单赢的价值观束缚了企业的发展，企业的决策者和管理者清醒地认识到，双赢、多赢、共赢是必然趋势。商业企业在运营过程中，如何有效实现合作双赢，对商业企业管理者提出了更高的要求。商学院应培养塑造具有商业专业知识和专业技能的复合型商科人才，使他们成为各大小商业企业青睐的对象。

4. 培养具有创新商业文化的商科人才

各个历史时期的商业文化都与当时的经济发展和社会制度有

着密切的联系。创新商业文化，就是要剔除传统文化中腐朽的、束缚企业发展的糟粕文化，留其精华。既要传承优秀的老字号商业文化，又要展示中华民族传统商业文化的辉煌成就，增强民族自豪感。了解它们的发展历史，成长环境，受益人群，地域和人文特征，利用所学商业知识，按现代企业制度发展和创新企业文化的方式，让具有现代企业特征的商业文化重新注入老字号的企业当中，增强它们的活力和竞争力，让老字号企业在现代市场经济大潮中乘风破浪、焕发出新的生命力，给商科人才一个施展才能的舞台，同时也给商学院商科人才培养提供依据，提升高等教育的质量和整体实力。

商业文化建设正呈现动态发展的变化趋势。不同时期、不同国家和地区、不同民族、不同人群都会给商业文化的形成带来影响，被影响的商业文化也集中反映出这一环境的显著特点和商业经济的典型模式。通过“三百工程”实践活动的开展，让青年大学生们从自我视角去观察商业文化，品味商业文化，从而去传承、发展、创新商业文化。说起山西，人们不仅想起“晋商”，想起叱咤风云的山西票号，走南闯北的晋商茶帮，遐迩闻名的豪宅大院……，晋商之所以成功成名，是因为他们秉承了顾客至上的经营理念、崇尚信誉的道德构建、自强不息的创业精神、报国济民的社会责任、以人为本的管理思想、应变图存的创新意识。说起浙江，人们就会谈起“浙商”，谈起浙江桐乡不出羊毛，却有全国最大的羊毛衫市场；浙江余姚不产塑料，却有全国最大的塑料市场；浙江海宁不产皮革，却有全国最大的皮革市场；浙江嘉善没有森林，却有全国最大的木业加工市场……，浙商之所以为自己赢得了“东方犹太人”的美誉，是因为他们坚持了勤奋务实的创业精神、勇于开拓的开放精神、敢于自我纠正的包容精神、捕捉市场优势的思变精神和恪守承诺的诚信精神，这些精神使得浙商拥有大量市场分额，也丰富了浙商文化的内涵。

寻访全国商业文化，做传统商业文化传承者的大学生“三百工程”实践活动，不仅让大学生们亲睹、亲历中国传统商业文化存在的理由和价值，而且让他们在寻访、查询、探索的过程中去感悟商业文化，品味商业文化的魅力，从而积极地去传承、保护、创新商业文化。同时，在实践活动过程中，为培养塑造适合社会主义特色和现代商业特质的复合型商科人才积累了经验，丰富了培养目标和教学内涵，开拓了春风化雨，润物无声的文化育人新篇章。

许瑛瑛

2019年8月

前　　言

回首商业史，“老字号”在历史长河中群星璀璨，浩如烟海。它们底蕴悠久，拥有世代传承的技艺、产品和服务，它们是企业文化的积淀，无形的财富，名声在外。据了解，新中国成立初期我国约有老字号1万多家，分布在餐饮、零售、食品、酿造、医药、居民服务等众多行业，在满足消费需求、丰富人民生活、倡导诚信经营、延伸服务内涵、传承和展现民族文化等方面发挥了重要作用，这些老字号像历史中所记述的那样，不断传承着一座城市的风韵。

然而随着市场化的深入，特别是国际市场的日益开放和多元化，诸多百年老店也面临了来自各方面的竞争压力。生存的空间逐渐缩小，导致一大批百年老店的绩效锐减，老字号们不得不转型谋求发展。《关于保护和促进老字号发展的若干意见》（商改发〔2008〕104号）指出，要通过全社会的努力，建立保护和促进老字号发展的支持体系，挖掘整理传统产品和技艺，增强老字号企业自主创新和市场竞争能力。

作为商科高校，自然要勇于承担起这一份社会的责任感。基于此，上海商学院“三百”工程，即百名学生寻访百家百年老字号实践活动，以挖掘传统商业精神内涵为主旨，培养商业文化素养为内核，促使学生深入了解如何创建新型商业业态为目标的文化传承与创新。该项目着重梳理了上海各大老字号品牌，并根据美食类、日用品等分门别类进行寻访探索，以提高我校学生在实践活动中对传统企业链、百年老店的认识，将经济、文化和历史结合在一起，加强对财经类专业知识的实践能力，贯彻落实我校“以商立校”的理念。

上海商学院“三百”工程项目的成型，可以追溯至2012年。当时项目团队带领学生，就商业文化内核进行了部分老字号品牌企业的走访，同时还出版了大学生创新创业系列丛书之《家乡商业文化寻访》。在2014年7～8月、2015年2月、7～8月，该项目在正式启动前还进行多次试寻访，寻访对象聚焦为上海的老字号，如“杏花楼”“恒源祥”“群力草药店”等知名企业，涉及食品、服饰、草药等多个行业。2015年2月25日《文汇报》还做了《上海大学生带着特殊“寒假作业”回乡过年》报道，这为2016年项目的进一步开展奠定了基础。

上海的老字号品牌繁多，但是数量最多、人气最高、最具有代表性的还是美食餐饮类。因此，2016年该项目选取美食类老字号品牌为寻访对象，共组建96个团队，200余名师生参与杏花楼、沈大成、乔家栅等43个老字号品牌社会实践活动，足迹遍布黄浦区、金山区、杨浦区、静安区、闵行区、徐汇区等15个区县。2016年4月，该项目与上海社会科学院上海品牌发展研究中心合作，对部分老字号品牌进行了品牌故事的深度挖掘，为后续的老字号品牌走访收集了较为详尽的资料。7月，各项目团队通过实地走访、口述实录等方式对百年老字号企业开展寻访，深入挖掘百年老字号创立的民本需求，集中展示百年老字号反映的时代脉动，大力弘扬百年老字号的品牌价值与文化价值。

本书是师生共同实践的成果，具有如下特点：

（1）素材真实可靠。本书以上海美食类百年老字号为研究对象，组建96个社会实践团队，采用文献法、访谈法等调查方法真实走访沪上多家百年老字号，并对其进行梳理，回顾前世今生，挖掘品牌的商业文化价值。

（2）角度多元，易于阅读。本书编写的初衷在于从大学生视角下，透视百年老字号文化悠远绵长的内在原因，尤其书中大多数文章为学生团队作品改编而成，研究和撰写角度更接近当代年轻人的阅读习惯，老字号品牌文化价值所展示的方式更易于让大众接受。

（3）立意高远，体现高校育人功能。本书倡导商科高校大学生立足文化传承的社会责任，结合自身专业特点，在实践活动中领悟传统企业链、百年老店文化内涵，内驱商学院大学生们成为商业文化传承者、发展者和创新者的动力，为商业领域培养既有商业知识又有商业文化的“儒商”。

本书立意较高，写作风格活泼新颖，内容丰富，有许多亮点，体现了时代特色。希望此书能为对传统商业文化有兴趣的读者带来启发。

《百年上海味道》编委会

2019年5月

目　录

品　牌　篇

上海第一食品公司——百年积淀，品质传承　*003*

凯司令——坚持“原味”的老上海西点　*010*

冠生园——生活中的那点“甜”　*017*

乔家栅——百年世事“永茂”梦，万里乾坤“乔家栅”　*025*

三阳南货——百年老店，记忆不变　*032*

立丰——立诚天下，丰食人间　*044*

杏花楼——民族美食，走向世界　*052*

泰康食品——“一畦春韭熟，十里稻花香”　*060*

三阳盛——有温度的干货　*066*

上海采芝斋——实体老店+电商平台探访记　*073*

利男居——秀色传百载，诚信留芳名　*080*

上海悦来芳食品有限公司——虽百年不衰，何以继未来　*087*

产　品　篇

万有全——豆子的花样传奇　*095*

新长发——栗子情长，历久弥香　*101*

老同盛——绿色食品，匠心依旧 106
邵万生——糟醉食品，席间美味 111
上海梨膏糖——是糖更是药 119
城隍庙五香豆——数代人的回忆浓情 125
张力生年糕——不忘故乡不忘本，年糕糯香天下闻 130

名 店 篇

和平饭店——住得“奢华”，吃得“精致” 139
上海梅龙镇酒家有限公司——菜肴鲜香，贵于大气 145
红房子西餐馆——“老嗲”的海派西餐厅 151
小绍兴——精心烹制的白斩鸡 158
德兴馆——延其祖泽，盛宠不衰 165
上海老饭店——秘制本帮，匠心传承 170
西湖饭店——悠久古韵，地道杭帮 176
上海锦江金门大酒店——中西结合，享尽盛名 182
锦江饭店——深邃底蕴，复古情怀 188
上海绿杨村酒家——山外青山楼外楼，绿杨城郭上海滩 194
湖心亭茶楼——一池清水泡新茶，湖心亭楼甲天下 201
洪长兴——羊肉肥美，怀旧儿时 208
沧浪亭——老字号的那碗面，够味 213
南翔馒头店——醇香难忘的小笼汤包 220
广茂香烤鸭店——始于宫廷御膳，行于美食民间 228

品　牌　篇

上海第一食品公司

——百年积淀，品质传承

寻访人员： 梅士坤　张　静　罗天阳

指导老师： 刘陈鑫

百年食品，百年传承

“百年老字号”，顾名思义，就是指历史悠久、百年以上拥有世代传承的产品、技艺或服务，具有鲜明的传统文化背景和深厚的文化底蕴，取得社会广泛认同，形成良好信誉的品牌。它们像一位位饱经风霜的老者，经过历史的洗礼，却经久不衰，百年积淀，百年传承，百年创新……上海第一食品连锁发展有限公司就是其中的一家老字号企业。

“第一食品”创始于1954年，经过近60年的传承与发展，依托一代又一代第一食品人锐意进取，敢为天下先的精神，“第一食品”品牌深得广大消费者信任和喜爱。公司着力围绕专业食品零售旗舰店、标准店、社区店、特色连锁店四种模式并存发展的战略目标，注重品牌价值的提升，现已拥有了位于南京路步行街的旗舰店1家，上海市级、区级中心商业圈的标准店12家，社区店2家，位于江苏地区、以“品颂”为品牌的标准店1家。上海第一食品的主营业务有食品、副食品、粮油、百货等，自公司上市以来，始终坚持围绕食品主业，走价值成长道路，公司资产规模、经营业绩、运营质量等诸多方面都发展良好。

“百货四子”齐争艳，内战爆发大新衰

“上海第一食品”的前身为“新新公司”。20世纪20年代，大新公司与“先施”“永安”“大兴”四足鼎立。旧上海“百货四子”争奇斗艳，把一条南京路装扮得花枝招展，国际媒体称之为“地球上最世界主义文化的马路”。然而，战争的硝烟将这繁华的一切无情地摧毁。1945年内战爆发，上海人口激增，商业畸形繁荣。因国民党政府治理无能，上海出现了严重的通货膨胀，四大百货商场遭遇抢购潮。到1949年春季，除了永安，其余三家相继撤离上海，新新公司走向衰落。

新中国成立后，随着社会经济的快速发展，新新公司重新得到发展。1953年，新新公司大楼改为上海市第一百货商店。第一百货商店重振当年新新公司雄风，单位营业面积、营业品种、销售规模一直在全国百货零售行业雄居榜首。20世纪80年代前，这里一直是全国最大的百货商店。如今，上海第一食品商店正在构筑集食品零售、各地小吃、休闲娱乐等为一体的连锁发展体系，可谓是闻名全国的专业美食大都会。

第一食品商店南京路店共有四层，每一层的商品都各具特色。底层是国际食品礼品馆，主要展示来自世界各地的进口产品，包括糕点、糖果、补品、茶叶、水果、名烟名酒等。之所以

将这些进口产品放在底层，有关人员表示，是为了在保证商品质量的前提下，最大程度地方便顾客选购，并且生活中大家对这类产品的需求量也最多。第二层是食品流行特色馆，主要包括南北干货、卤制食品、居家食品、休闲食品等来自我国各地的特色食品，极具地方特色，给人“家”的味道，回味无穷。第三、第四层是都市休闲美食馆和饔飧料理食代馆，汇集老北桥、南翔馒头店、老上海味道等许多上海特色餐饮美味，环境优雅宜人，食品独具特色，美味可口。这里简直就是购物天堂，一家第一食品商店几乎可以满足购物的所有需求，在这里，你将深刻体会到“只有你想不到的，没有你买不到的”的深刻内涵。

从一楼到四楼，形形色色、各式各样的商品看得我们眼花缭乱，糕点、糖果、干货、水果、零食、特色产品……只要你需要的，它都应有尽有。或许这就是商店顾客络绎不绝的原因之一吧。

企业精神重责任，创新理念方进步

随着经济和社会的发展，企业不仅需要盈利，而且也要承担相对应的社会责任。企业承担社会责任的行为，实际上是维护企业利益，符合企业发展的一种“互利”行为，可以为自身创造更为广阔的生存空间。

上海第一食品公司注重发展文化建设，构建出“森林文化”体系，树立起“和谐共生、奉献共享”的企业精神；注重食品质量安全，维护好消费者心目中的“质量放心”金字招牌；注重高标准服务体系的打造，以柜台式专业服务为特色，提供导购、包装等多项增值服务，满足个性化消费需求。

第一食品以维护消费者权益为己任、为顾客提供便利为目标，始终坚持预付卡管理合法合规、规范运营，深得消费者的喜爱与信赖，也得到了相关行业专家的一致好评，连续几年获得上海市单用途预付卡荣誉称号。同时，第一食品公司切实保障职工生命安全和健康，每年高温期间让一线职工在工作间隙喝上一碗绿豆汤、大麦茶，消暑解渴，真真切切感受到关怀，进一步对员工尽到了应负的责任。第一食品以提升门店陈列水平为切入点，始终将顾客放在第一位，多数门店原有的展示区域仍是传统柜台模式，商品一般按大类整齐陈列，但美观度和新意不足，难以吸引消费者注意，更与高端超市的精致陈列存在明显差距。通过对比分析，第一食品充分认识到自身作为传统企业存在的不足，通过不断考察学习来拓展思路，博采众长，吸收行业先进理念，制订合理提升方案，从而为顾客打造更好的购物环境，将为顾客服务的责任贯彻如一。同时，为了能更好地为顾客服务，上海第一食品公司定期对公司成员进行培训，加强各条线领导干部的突发事件危机防范意识，通过专题授课，提高各部门、各门店负责人相关专业知识水平，为实际工作中遇到的难点问题提供参考，也为顾客在消费时能有更好的体验提供保障。

企业的负责精神是企业文化的核心内容，推进了企业文化的相关建设，而企业文化作为企业的一种价值体系，又将企业责任建设提升到新的理论高度和较高的文化层次。对于企业管理来说，企业责任是一场革命，更是提高企业开拓能力的源泉，从而维护企业形象和品牌的生命，并不断地提高发展，对产品、设计、流程、管理和制度等环节进行创新，从而为自身创造更广阔的生产空间。上海第一食品正是将这种负责精神贯彻于企业发展的各个方面，从而发展出了属于自己的百年品牌。

品质传承赢青睐，注重创新逐新潮

在当今这个竞争激烈的社会，生活节奏的高速度，已让人们在不知不觉中加快了前进的脚步，渐渐忽略了“慢”生活的惬意与舒适。各种快餐店，小吃店也在不断崛起，并迅速占领了市场，给“百年老字号”等与慢生活相适应的品牌带来了巨大的冲击。那么，上海第一食品连锁发展有限公司是如何在市场激烈的竞争中，依旧保持原有的风采，深受中外消费者青睐的呢？通过对顾客、员工、商店负责人的采访，我们对此有了一定的了解。

首先，第一食品注重商品的高品质与价格合理性的统一。从消费者满意程度的调查中，我们发现，大部分的消费者并不是单纯为了“百年老字号”这个品牌而来的，而是因为第一食品的商品质量很高，价格合理，符合顾客口味，几十年如一日的诚信经营，从而赢得了消费者的一致认可。其次，第一食品商店不像普通的超市那样，统一收费，而是由各个小的商店独立构成的，顾客在选购好商品之后，就可以当场付钱，如此分开经营，统一管理，不仅凸显了各小商店的产品特色，而且大大提高了商场的运营效率。第三，第一食品注重特色食品的吸纳与建设。或许正是因为这些特色商品，才让它在同类商店中脱颖而出，回头率极高的吧。第一食品不是将特色产品建设只停留在上海本地，而是广泛地吸纳来自全国各地的特色食品，跨越我国南北地区以及世界各地，经营范围广泛；同时为上海知名老字号企业提供一个经营平台，如：南翔馒头，老北桥过桥米线等，博采众长，从而形成自己的特色，吸引更多的顾客。第四，第一食品商店注重创新，同时保留了原有的精华。2012年，第一食品对商店进行改建更新，不仅对店面进行装修，更在原先定位国内知名老字号企业食品的基础上，扩大经营范围，引入大批的国际进口食品、特产，如欧美和日本的一些颇受欢迎的食品。在这个众口难调的时代，正是因为它的改革创新，才让它迎来了转折点，在近几年中飞速发展；也正是它不断创新的精神，才使它摆脱“古董的”标签，换上与时俱进的新衣。它不仅用创新招来了新的客人，更用经典留住了百年不变的美味，留住了几代人的记忆。

在今后的发展中，“第一食品”公司将朝着走出上海，走向世界的方向发展。公司将引进更多高品质的国际商品来迎合众多消费者不同的消费需求；同时，还会把中国具有地方特色的商品推向世界，让世界了解中国，促进中外的交流与经济往来。另外，公司将更加注重发展性文化建设，构建出“森林文化”体系，树立起“和谐共生、奉献共享”的企业精神，以柜台式专业服务为特色，提供导购、包装等多项增值服务，满足个性化消费需求。同时，第一食品将以打造光明食品集团第二零售通路为目标，加快发展，推进发展理念、发展规模、发展速度的不断突破；优化发展质量，持续提升品牌影响力、门店运营能力及后台支撑能力，实现企业高效益、可持续发展，为打造百年企业而努力奋斗！

通过本次暑期实践，我们深入了解到上海第一食品的发展历史和发展策略。作为一个百年老字号，第一食品不仅要有文化支撑，更要有品质保障，不能一成不变，也不能抛弃精华。“第一食品”能有今天，是几代人百年来的积累和创新，绝非一蹴而就的。百年积淀，品质传承，如何在未来的发展中越战越强，这是第一食品在接下来的发展中需要考虑的焦点问题。同时在实践中我们也意识到了团结合作的重要性和必要性，并充分享受了亲自调研的乐趣，丰富充实了暑期生活。我们认识到只有走入社会，才能发现他人的价值，进而发掘自身，为社会贡献出自身的光和热。

凯　司　令

——坚持"原味"的老上海西点

寻访人员：张舒涵　张瑞方　孙彦文　何雯艳　江水苗

指导老师：胡　欢

历百年沧桑得幸存，奏老上海西点凯歌

上海凯司令食品有限公司创建于1928年，为纪念北伐军凯旋而得名，是老上海西点类别里唯一幸存的"中华老字号"，距今已有将近百年历史。

近百年时间，凯司令可谓历经磨难，久经风霜，20世纪60年代后曾改名为"凯歌食品厂"。80年代初回复原名"凯司令"，1993年定名为凯司令食品有限公司。几十年来，凯司令从初创时的一间酒吧，逐渐发展为西点、西餐、咖啡综合型西式点心食品公司。

从一家普通的西点店到如今名扬海外的老字号，这期间经历了沧桑，也创造了辉煌。1960年，凯司令产品就在"全国西点技术比武观摩大会"上受到广泛好评，得到朱德委员长的亲切接

见；在第17届德国法兰克福奥林匹克烹饪大赛上，国家级大师边兴华精心制作的产品荣获国际金奖；1999年，多层裱花蛋糕因其独特的造型和精湛的技艺被载入吉尼斯大全；2002年的上海市“新亚杯”西点大赛中，凯司令又赢得了团体及个人金牌。凯司令这一美誉也早已远扬海内外，成为上海人自诩口福不浅的一句赞语。

独特西点全民挚爱，始终秉持餐饮“原味”

谈起凯司令的特色产品，就不得不说栗子蛋糕。栗子蛋糕是凯司令的原创，也是近百年来的台柱子。它让原本不产栗子的上海，却和栗子结下了不解之缘。

凯司令的栗子蛋糕是精致的，是其传统特色产品之一，由凯司令第一代传人凌氏父子创制。老上海都知道由于原料保存的原因，栗子蛋糕原来只有九十月份能够吃到。20世纪90年代，非遗传人边兴华大师与上海市食品研究所合作，通过技术攻关，解决了这一技术难题，现在随着技术的发展，一年四季都可以吃到栗子蛋糕。将栗子炒熟后，去壳剥肉，加糖研磨手打泥做成栗蓉，再在外层裱上厚厚的白脱鲜奶，置于蛋糕胚上。从前的栗子蛋糕吃来口硬，后来又加了鲜奶油进去，调制奶油膏使用的白脱油始终坚持选用新西兰一品牌奶油，近九十年从未改变，因为这种奶油口味纯正，奶香回味浓郁，口感香甜醇厚，吃起来满满的栗蓉淡香在口腔中弥散开来，细腻绵长，讨人喜欢。在保持传统特色的基础上，口味也不断创新，现已形成白脱奶油、乳脂奶油、芝士等多种口味。

凯司令除了奶油裱花蛋糕、栗子蛋糕之外，另有传统的维纳斯饼干、水果蛋糕、雪藏蛋糕、牛利、哈斗、白脱卷筒角、蝴蝶酥等，还有时尚的提拉米苏、乳酪蛋糕、原汁原味的果仁曲奇系列。随着消费者对糕点的需求日益多样化，凯司令的产品构成也考虑到了各个层次人们的需要，近年来推出的凯司令西饼大礼盒汇聚了凯司令近百余款产品中精心挑选的15款既传统又经典的海派西点，荟萃了凯司令西点的精华。特点是讲究上档用料，采用奶油、扁桃仁、榛仁、椰丝及巧克力等高档原料精心制作；口味以松、酥、脆为主，奶香浓郁，口味各异。其中巧克力维纳斯饼干、天使咸结、梅花饼干、白脱核桃酥及双色酥将凯司令前辈的精湛技艺传承至今，深受广大消费者的喜爱。凯司令西点以典雅大方的独特设计包装，成为馈赠亲朋好友的高档选择，物有所值，贵而不贵。凯司令的拿破仑，是常年畅销经典产品之一，它在继承传统制法的基础上不断改进创新，采用凯司令独特工艺制作的白脱克令夹心，最后表面再撒上一层雪白的糖粉，口感酥松中包含糯滑，甜度适中，奶香四溢，尤其受到年轻人的青睐。

当年一般人家的小孩子，若能到凯司令两层楼的卡座坐坐，或是买上几只点心，也是相当“扎台型”了。传承近百年而不倒，若论老上海西点的头把交椅，凯司令若是排第二，怕是没有人敢称第一。

认清形势悄然转型，专业研发求品质

这两年，烘焙行业都在经历“谨慎转型”，上海西点行业老字号凯司令也不例外。2014年国庆以后，凯司令悄然转型，除了重整老上海味道的西餐咖啡外，还重置门面。这也是上海西点行业中唯一幸存的“中华老字号”，其西点技艺已成功申请上海市非物质文化遗产。在转型中，凯司令没有涨价，营业额却同比增加了三成。

“传承非遗绝对不是守旧，像我们凯司令的西点师傅们很早就开始了各种创新探索，”上海凯司令技术总监、凯司令蛋糕制作技艺传承人陈凤平说，“几十年前，国内没有低筋粉，凯司令的蛋糕师傅在富强粉里加入一定比例的玉米淀粉，降低了面粉的筋度，让糕坯更加细腻；后来，为增加糕坯的松软度和滋润度，又独创了分蛋打法，把蛋黄和蛋白分开打发后再和面粉拌在一起——这么做的好处，不仅是让糕点更好吃，还健康，因为鸡蛋是天然的乳化剂。过去的创新，成为今天的经典，因而我们今天在创新时，也不能忘了过去。”可见，老字号发展与工匠精神密不可分，而非遗的核心竞争力之一也是工匠精神，两者协同发展可以产生“1+1＞2”的效果。

直至现在，每天凯司令门店内都能排起长龙，有人从离店很远的地方坐车两小时来买糕点，更有甚者说自己一天不吃就会想念。能够有这样好的口碑，与凯司令对产品制作流程的严谨态度密不可分。每天早上糕点师傅将厂里送来的新鲜原料加工成为糕点商品，再由送货员送至各个门店，店里的员工在正式开门营业前将店面打扫、商品分类摆放。店员们除一天十二小时的正常工作之外，晚上九点半下班的时候再次检查清点店内各物品完整无误后才正式下班。而这样紧凑的一系列工作不止在工作日，连双休日、法定节假日也在进行着。这也是除了他们精湛的裱花工艺外，另一处令人称道的地方。

如今，凯司令食品有限公司已拥有数千平方米的生产基地和先进的设备，具备30多人的专业技师队伍和新品开发的烘焙研究室，在上海有62家门店，深受众多老上海人、新上海人的热捧。“追求卓越，品位永恒”是凯司令人奋斗的目标，他们热忱地欢迎四海宾客，八方友人座客凯司令，一睹中华老字号的风采。

老味道无惧新兴力量，当代演绎传承一口醇香

随着当代青年消费观的急剧改变，现在市场上只要一出现装潢特殊，排队人数众多的店，马上就可以成为“网红”店。对于老字号企业凯司令而言，这是一个不小的挑战，与其去羡慕，还不如扎扎实实地做好产品，让品质代言。

驻足于南京西路的凯司令总店内，各式西点琳琅满目，工艺精湛细腻，造型亮丽多彩，色泽雅而不俗，令人流连忘返。其中，最出名的莫过于白脱栗子蛋糕。初次听闻这个名字时，曾纳闷了一段时间，以为所谓的“白脱”是类似于脱脂牛奶这种感觉，后来才明白“白脱”其实只是英文butter的音译，也就是我们常说的黄油。不像其他地方的栗子蛋糕不过是奶油上点缀一些栗蓉而已，凯司令的栗子蛋糕十分地道，模样虽简单，但吃起来香甜醇厚。外层的白脱入口即化，咀嚼几口后满满的栗蓉淡香在口腔中弥散开来，细腻绵长。

靠蛋糕起家的凯司令经过80多年发展，至今每天生产的产品中蛋糕仍占六成以上。而作为去年推出的为数不多的新品——西饼大礼盒，仍主打怀旧牌，内含约15款西点大多有些“年岁”，卖点是长期的口碑而非推陈出新。在市场方面，这四年凯司令开始布局新门店，但年均新开4家到5家，扩张速度不算快。一个数据或许佐证了凯司令保守发展的阶段性成就：近三年，凯司令净利润年均保持两位数增长。对于老字号企业而言，高速扩

张容易带来资金链断裂、食品安全等诸多隐患，凯司令这样的老企业难以承受。

事实上，对于新兴市场，凯司令不是没看到，它的坚守中还有几许无奈。据调查，如今南京西路上的凯司令总店二楼已经租赁给别人做甜品店，另一家附近的凯司令老店前些年也转租给了宜芝多。由于租金和人力成本过高，加之缺少资本运作手段，一些时尚烘焙品牌捆绑商业地产的门店策略老品牌很难复制。凯司令负责人坦言，旗下门店逐步从高档CBD地区退出是不争的事实，新店选址大都在新兴大型社区，以抢占“下班族”市场。由于顾虑资金流转期限过长和产品退仓率过高，凯司令在人气很高的大卖场、欧式面包餐厅、地铁面包店等新兴业态上也鲜有涉足，这些领域也已被其他行业新贵抢占。所幸我们也看到，凯司令已经开始尝试创新，第一步就是人才队伍的建设，扩大技师团队，加大新品研发。

和很多“老字号”一样，凯司令仍然保留着老上海的味道，栗子蛋糕等西点被人们推崇为经典，至今依旧是几代上海人童年的难忘记忆。无论是非遗，还是老字号，都需要进行当代演绎。一个成功的老字号或者非遗，往往还是有独特的、体现中华优秀传统文化的精神内涵在里面，这是最本质的东西。关于当代演绎，就是产品、服务、环境还有价格，要符合当代人或者现代人的精神需求和生活方式。

上海是一座移民城市，舶来文化成就她特有的海派西点。海派西点的魂魄里，一定有奶油和黄油这对亲姐妹。老字号坚挺地存活下来，依赖的是上海人对甜点的偏爱，更是那份饱含深情的回忆。上海人对奶油西点爱得深沉，对栗子酥皮鲜奶油颂之以歌。老字号总能抓住这些魂魄，使它们以不同的姿态呈现出来。

这座城，人来人往，穿梭如织，投身其中，始终只是过客。认识这座城，放慢脚步，穿梭街头巷尾，体验市井小民，品尝他们的美食。爱上这座城，有高冷的钢筋水泥森林，也有传承人情味的老字号点心店。在凯司令，时间像是凝滞的，就这么坐着说着，最初尝到的味道，似乎从来没有变过；只是，岁月终究匆匆而过，那滋味里累积着时光的重量。

冠　生　园

——生活中的那点“甜”

寻访人员： 苏野薇　徐懿萍　张淑薇
指导老师： 姜森云

兢兢业业，白手起家

冠生园，是一家远近闻名的食品产业名牌老字号企业，上海著名的食品商标，创建于1915年，绵延至今已有100年左右的历史。主要生产和经营糖果、蜂制品、酒类、面制品、冷冻食品、保健食品、休闲食品等近20个系列上千品种。

冠生园的品牌主要创办者——冼冠生，原名冼柄生，出身于广东乡间的贫寒之家，筚路蓝缕，生活节俭，是一名典型“白手起家”的民族资本家。1903年，年仅16岁的冼柄生只身漂泊到上海当学徒，从叫卖蜜饯、干果、瓜子等零食起家。在停业、开业达七八次后，终于在南京路上的易安茶社旁开设了一个叫“陶陶居”的食品小店，并将自己的名字改为冼冠生。

1918年，在陶陶居刚刚有起色时，却因永安公司要在这里建立大楼，经营的地皮被吞没。陶陶居只好迁移上海南市，另起了“冠生园”这个名字，冠生园也就此诞生了。

在冠生园成立后，冼冠生根据自身以往从商的经历，吸取了一些著名企业的经验，提出“三本主义”作为冠生园的生产经营指导方针：即“本心”“本领”“本钱”。所谓“本心”，指的是事业心和责任心，要求全体职工把冠生园当成一种事业，齐心协力，务期成功，同时必须具有恪尽职守的责任心，重视食品与人的健康关系，要对人负责；“本领”指的是经营管理和业务技术的能力，要求搞好企业经营管理，不断提高产品质量和不断创新产品；“本钱”指的是资本和资金，要求共同开源节流，积累充足资金，以利企业发展。

在这“三本主义”之中，冼冠生最为重视的是“本心”和“本领”。他常常去工厂监督检查，并不是走马观花察看一下，而是认真地从检查原材料入手，对每道生产工序进行仔细地分析研究。把质量和卫生看作企业安身立命之本。他只要用舌尖舔一下，就能判断食品的好坏。此外，他还曾请了一位书法家写了“真工实料”四个大字，挂在办公室墙上，以此来督促职工们注意产品质量。在冼冠生的长期精心经营下，到1953年时，冠生园已在全国拥有了几十家分店，成为中国食品行业中的龙头。

百年企业，与时俱进

说起冠生园的品牌、商标史，在坚持传承优秀品质的同时，冠生园还不断与时俱进，开拓创新。

1918年至1949年间，“冠生园”商标主要用于：糖果、蜂蜜、鲜蜂王浆、蜂王浆粉和固体饮料五大类产品；1990年代以后，商标逐渐应用于糖果、蜂制品、面制品、调味品、速冻微波食品、啤酒、黄酒等系列。

1949年，冠生园在全国各地设分店37家，已发展成为当时中国最大的食品企业。

1956年，冠生园进行公私合营。冼氏控股的冠生园股份有限公司解体。上海总部“一分为三”，各地分店企业都隶属地方，与上海冠生园再无关系。

1996年上海工商冠生园实现合并，统一字号，冠生园（集团）有限公司改制成立。冠生园创建和扶植了一批有品牌、有产品、有市场、有效益的品牌公司，同时实施产业结构大调整，破产三家企业（新型发酵厂、上海酒精总厂、上海啤酒厂），兼并两家企业（华光啤酒厂和益民四厂），放小一家企业（上海面包厂）。引进外资与日本大正制药株式会社合资生产力保美达保健品（后改名为力保健）。由此，集团公司确立了“三层中心”的管理框架。

1997年冠生园“借壳”上市，成为丰华国有股的持股人，以完善服务广交宾客。在国内外组建了极具规模的营销网络，在全国各省、市设立了20个销售中心，形成了国内2 000余个销售服务网点。除此之外，集团公司在近百个国家和地区注册了商标，与包括沃尔玛（全球最大经销商）在内的100余家国外经销商建立了长期的友好业务往来关系。

目前，冠生园以先进的技术引领未来，拥有自己的技术中心并已获得上海市级技术中心标准，正努力建设为国家级标准技术中心，其检测中心目前已是国家级实验室（CNAL）。集团公司的糖果生产设备、冷冻食品生产流水线、面制品生产设备等目前都已经达到中国领先、世界一流水平。

企业文化，催人奋进

企业文化彰显企业个性，也决定了企业的发展方向。近年来，随着集团公司的不断发展，冠生园十分重视企业的文化建设，其企业文化内涵也在不断扩充、深化。到目前为止，冠生园已形成并巩固了独具特色的优秀企业文化，即：一张卡、一枚章、一本书、一首歌的"四个一"文化。由"四个一"相互交融所形成的企业文化，是"冠生园"特有的现象。冠生园以其催人奋进的企业文化，更是让冠生园的《商战攻略》被作为MBA案例引为经典，"大白兔""和酒"案例被复旦等高校广为研讨。

在员工建设方面，冠生园以其独特的企业文化形成了一种催人奋进的力量，激励着"冠生园"人始终保持昂扬的激情和无畏的斗志，不断勇往直前。他们忠诚、热情、团结、进取，进行自动化网络办公，ERP科学管理，培育出了一大批技术、市场和管理人才，以及可持续发展的核心竞争能力与竞争优势。可以说，冠生园员工队伍是推动冠生园经济发展的关键因素之一。

求新求变，稳健发展

为迎合时代发展，冠生园也在不断进行转型，在其"老字号"品牌的影响和号召下，创新品牌管理理念，重视技术创新，实现向现代企业跨越。它创建了生态型互联网金融区，加大国有资产证券化步伐的改革要求，并加强对影响企业发展的宏观经济走势、产业和行业经济发展态势的分析和研究，对公司生产的产品与国际国内同类产品质量、价格、市场占有率和知名度、顾客满意程度做了详细的对比分析。在此基础上，它还结合市场细分进行产品定位，了解该产品在当地市场的销售情况、销售渠道、销售方式。

同时，企业加强对支撑“冠生园”“大白兔”驰名以及上海市著名商标的产品开发能力、市场营销能力、品牌形象能力的深度分析，还对品牌的目标定位、图案设计、产品广告和企业文化的个性差异进行分析，找到问题的症结所在，设法迎头赶上。

对于2001年“南京冠生园陈馅”事件对产品及品牌声誉所造成的负面影响，企业十分重视。在2004年，南京冠生园被康海药业收购后，成立全新南京冠生园并重塑“老字号”品牌。南京新冠生园依靠康海制药企业的现代管理经验和雄厚资金力量，在原有南京冠生园“老字号”品牌的影响和号召下，创新品牌管理理念；通过对中外合资冠生园失败经验的总结与反思，更加重视企业管理和人力资本投入；通过企业资源整合，有针对性地宣传和提升南京新冠生园“老字号”品牌的影响力。

为了让顾客们吃上安全健康的食品，南京新冠生园为积极打造“健康食品”，对传统食品中高糖、高胆固醇等不健康原料和元素，通过研发使用抗氧化、弱碱、富含微量元素的原料进行替代。在每月月初或月末，南京新冠生园都会推出两到三种新产品。此外，新冠生园还开发出适合老人的麻饼，受年轻人喜欢的老婆饼、奶油酥饼、椰子塔饼等品种。

现在冠生园主要通过超市、商场、门店等实体店销售企业主要产品，在销售过程中，实体店十分注重产品的新鲜性，每天销售人员都会对食品保质期进行检查替换。另外，冠生园还在天猫网购平台上发布产品，从主打月饼到各式各样传统糕点，再到花茶等产品，已实现线下线上产品种类相同。冠生园还使用美团、大众等国内知名服务平台进行产品预订、销售以及促销，实现了多元化的销售途径。此外，如今的冠生园食品根系传统食品，不断根据市场形势的变化调整产品结构和经营策略，从方便、健康等方面用现代经营观念和高新技术来改进和发展传统食品，包括冷冻食品、调味料、糖果、休闲食品以及人们越来越重视的保健食品。冠生园品牌不再只是传统陈皮梅、月饼、糕点、蜜饯的代表，更成为现代食品的代表，及继承中国优秀传统文化，又符合现代食品发展潮流的新一代食品的代表。时代在不断变换着，冠生园也仍在不断追求进步与创新，“时时求冠，念念护生，处处为园”，依旧是那个坚守着百年文化与诚信，带给人们甜蜜滋味和幸福体验的冠生园。

特色园区，以诚立业

为进一步了解冠生园的发展史和今后规划，我们团队实地走访了冠生园互联网金融园区。冠生园互联网金融园区是冠生园集团在2014年所创建的，在前期园区建设的探索后，冠生园又在互联网金融园区内开辟出一部分空间服务创新创业——“梦创空间”，努力将园区打造成金融创新和现代服务业整合的一个生产性服务平台。

在此次实地采访过程中，我们主要通过采访园区宣传人员，获知了园区的孵化特色与理念，它既是冠生园企业文化理念的阐述，也是创业服务指引的标准，主要用“时时求冠，念念护生，处处为园”这12个字来体现。“时时求冠”是希望年轻人，时时事事追求进步，鼓励对产品、服务的改进，永远追求极致和卓越，冠生园虽已百岁，但仍在追求进步，力求老树重绽新花；

“念念护生”是希望在园区里所有有益的想法都能自由表达，让所有有生命力的创意都能够有实践的可能，有破土而出的希望；“处处为园”就是让年轻的创业者们能在园区思考、探索、碰撞，乐在其中，让园区处处皆为乐园。

园区在成立的两年多里，努力打造有活力的生态园区，提供特色的创新孵化服务，为创业者提供全方位、多角度的立体生态服务。据悉园区内有很多成功蜕变、破壳而出的企业，我们在现场了解到冠生园孵化中备受欢迎的项目，比如智能啤酒机项目，天空农场，智能泡茶机等。通过坚持将学习和实践结合，百岁冠生园正在以全新的姿态，发力创业园区的建设，奋力将园区打造成为能够体现上海城市精神的活力生态园区。

除了实地走访冠生园互联网金融园区之外，我们团队还询问了园区周围人们对于冠生园的品牌印象。冠生园凭借着其悠久的历史品牌，积累了大量的老顾客。在实地调查中发现，很多年龄较大的老年人都对冠生园有着深厚的感情，多位老年人提到他们自小就开始吃冠生园的月饼，觉得味道特别不错，虽然现在月饼口味多种多样，但尤其喜欢吃五仁和豆沙馅的月饼。其中，一些中青年人认为：“每年中秋买月饼孝敬父母和送给亲戚朋友，冠生园是最佳选择，因为其品牌‘老’，值得信赖。”

在历史的长久绵延中，冠生园之所以能够拥有这样一批忠诚的消费群体，实际上是基于品牌本身的百年文化与诚信，重视坚守传承老字号“诚信”精神，才让大家对品牌产生信任度，再加上冠生园本身也十分注重传统品牌核心理念的继承与创新。一方面，对冠生园创业之初的“本心、本领、本钱”的“三本主义”进行总结提炼，形成重视诚信、良性做事的“质量”品牌理念，还形成注重经典传统、真心传续的“人文”品牌理念。另一方面，随着经济的快速发展和人们物质生活水平的不断提高，现在消费者越来越注重健康饮食，冠生园应此现实要求，在品牌核心理念中增加绿色健康的品牌规划，从原料供应、产品成分选择等都以绿色健康为优先标准。并且冠生园重视传统文化和工艺的继承，根据时代的发展和消费者的需求，创新品牌理念，使得冠生园品牌更加吸引消费者。除此之外，冠生园每年都会根据自身产品特点制订有针对性的宣传方案，利用纪录片、广告、人人、微博等新式网络宣传途径对品牌进行宣传，并且通过网络平台与消费者进行互动，及时根据消费者留言对宣传方案进行调整，进而做出令大家更喜爱和满意的食品。

起初，我们只知道冠生园以其“老字号”著名，但经过实地考察与各种文献资料的整合，发现“老字号”的传承与发展实属不易，在传承传统文化的同时，还通过不断创新让企业保持旺盛的生命力。就如现在的冠生园，不仅延续了品牌“品争冠、业求生、人兴园”的企业精神，还凝聚了百年来“冠生园人”的继承和创新，带着壮大民族品牌的美好愿望，不断提升人们的生活质量。对于这些老字号招牌，我们所要做的就是讲好老字号故事，守护、继承和弘扬老字号精神，将老字号品牌诚信立业、踏实坚定、精益求精、开拓创新等精神落实到自身，进而渐渐把这种精神和价值追求扎根到老百姓的心里。

乔　家　栅

——百年世事“永茂”梦，万里乾坤“乔家栅”

寻访人员：霍飞羽　郑宇飞　沈伊菲

指导老师：李　俊

“永茂”汤团店，沪上乔家栅

光绪十九年（1893年），有位叫李一江的安徽人到上海叫卖自制的糕团。到了宣统元年（1909年）他在乔家栅42号的地方开了一家“永茂昌”汤团店。由于汤团品种多，内馅足而闻名于市，一时间“到乔家栅去吃点心！”竟然成为当地民众的一句口头语，老板后来索性把店名也改成“乔家栅”了，这就是沪上知名度颇高的乔家栅点心店的由来。抗战时期上海沦陷，乔家栅点心店生意也十分清淡，1939年有位叫王汝嘉的商人以1 000元银洋钿购买乔家栅的招牌，在今天的襄阳南路上开设了乔家栅食府。新中国成立后，1956年在乔家栅的老店迁到老西门的新址经营。历年来乔家栅食府的菜肴、点心多次被评为中华名小吃、上海特色小吃。

但凡人们做寿、过生日、乔迁都要选购“乔家栅”的寿桃寿糕，逢年过节也忘不了“乔家栅”，如春节的“八宝饭”“松糕”“桂花糖年糕”，元宵节的“汤团”，清明节的“青团”，端午节的“粽子”，重阳节的“重阳糕”等。“乔家栅”久盛不衰，闻名沪上。改革开放以来，上海乔家栅继承和发扬传统的技术精华，融传统、创新、引进于一炉，开创了“以点带菜，菜点结合”的供应特色。“八宝饭”“甜咸粽子”“细沙麻球”等十几个传统品种和创新品种曾多次荣获国家商业部金鼎奖、上海市优质产品，1994年又被评为“上海市名特小吃”。其江南传统风味菜肴也卓有声誉。周信芳为乔家栅题词“味传南国”，俞振飞则挥笔写下“乔家栅食府好”，宋庆龄在沪期间也经常派人来乔家栅买粽子。这些社会名流对乔家栅的赞誉，使得乔家栅在上海滩的名气越来越响。原上海市副市长赵祖康也为之题写《上海乔家栅》金字招牌。

“乔家栅”之所以深入“民心”，是因为它在秉坚“特色诚信”核心理念的同时，坚持走“传统+现代”“经典+时尚”的特色经营之路。坚持以质量保持信誉，做老百姓爱吃的点心，正是因为这最初的理念，让乔家栅能够得到人们的喜爱。

为了创建乔家栅的名牌点心，乔家栅对产品选料、制作等诸多方面，都制订严格的操作规程和质量规格。经过多年实践，形成了乔家栅系列名牌产品。其中汤团、擂沙圆、粽子、猫耳朵、猪油百果松糕、猪油八宝饭、虾仁月饼、三鲜碧子团、香糟田螺、面筋百页，被誉为“乔家栅十大名点”。

老店有创新，老树又逢春

1. 传统风格、现代品位

企业依托传统食品的基础，积极发展适应现代人口味的点心小吃。随着现代食品的多样化，人的消费观念也在进行变革，加上社会发展，生活水平的提高，人们的饮食选择范围日益扩大。从传统糕团到花色面点，从各类包子到多种汤料的各类几千种时令小吃，乔家栅逐渐形成了“人无我有、人有我优、人优我特”的个性，满足了消费者的需要，在激烈竞争的餐饮行业中争得了一席之地。乔家栅食府经过重新设计和装修，于2019年3月31日重新开业。改造升级后的“乔家栅”保持古色古香，经营面积达400多平方米，主要经营江南名点名菜，拥有二三十年上海菜制作经验的师傅怀着对本帮菜的深刻理解向大众再一次展示百年老店的“新味道”。“百年品牌既要有历史底蕴，又要有群众基础，才担当得起上海味道。”乔家栅食府经营者透露。

2. 品牌效应、大众服务

品牌是企业的财富，是企业的招牌，是得到社会和行业认可的无形资产。在全国名点评选中，公司的寿桃、定胜糕获得“中国名点”“中华名小吃”称号；鲜肉锅贴、八宝饭、鸡蛋清冷面获得“中华名小吃”称号；腊肉面获“上海特色面”等称号。既然在社会上有影响，受欢迎，就应该以大众服务为出发点，面向大众，把品牌产生的效应，更好地为大众服务，这也是品牌生命力的源泉。时刻把顾客满意放在第一位，综合种类、价格、口味及形、色、量等全面权衡，真正实现产品价廉物美，体现为大众化消费服务的特点，企业从中也就确立了适应自身发展的定位。

3. 规范管理、连锁经营

为实现企业发展，公司的餐饮品种从生产到销售的每一环节都有一套严格的科学管理制度，做到操作有方法、质量有标准、卫生有要求、安全有措施、服务有目标，确保企业生产、销售的有序运作。

（图为门店内景）

随着饮食文化的不断发展，人们生活水平消费水平提高，人们对美食的追求也在不断改变，乔家栅顺应时代潮流，把传统精髓与现代需求结合在一起，做出适合现代人们口味的小吃，把糕点和菜品融合在一起，满足了消费者的不同需求，用点心带动菜品，用菜品装饰点心。“乔家栅”之所以深入“民心”，是因为一直秉持“特色诚信”核心理念的同时，坚持走“传统＋现代”“经典＋时尚”的特色经营之路。“乔家栅”由内到外都进行了创新式发展。比如门店形象，一改过去传统样式，进行了时尚化的全新装饰。“乔家栅”更重要的创新在于新产品研发及营销模式。通过革新产品设计和研发新产品，大大丰富了产品线，“乔家栅”的产品已包含糕点、月饼、粽子、桃酥、鲜奶蛋糕、中西糕饼及各式面包等数十类烘焙食品，无论是传统的佳节还是现代节日，“乔家栅”的货架上都有相对应的节令产品。而通过革新营销模式，“乔家栅”的辐射半径进一步扩大。“百年老店”要想焕发青春活力，就必须闯出一条新路。

传统融创新，深入得民心

同时乔家栅在鼓励承继传统，确保传统不流失的同时，特别鼓励创新。包括生产工艺的创新，还是产品品种的创新，抑或是门店经营、市场推广、销售渠道上的创新等。只有通过不断地创新，才能让这个民族文化瑰宝走得更远。乔家栅结合区域文化特性，通过革新产品设计和新品研发，大大丰富了产品线。无论是春节、元宵、清明、端午、中秋，还是重阳等传统节日，“乔府人”都有了对应的产品。通过“文化挖掘”，乔家栅在产品中融入了更多的时尚和地方文化元素，把区域性特色、区域文化、民族传统有机地结合起来。

如今“乔家栅”虽然是百年品牌，但还远远不能与“肯德基”“麦当劳”这样的巨头相比。就算“肯德基”这样的国际品牌进入中国，还在不断地融入中国元素，创出“老北京鸡肉卷”等新品，充分挖掘并丰富其产品文化内涵。正是因为认识到这一点，“乔家栅”不断尝试融入本土文化，不断地进行口味创新，让更多的人喜爱“乔家栅”，让这一百年品牌焕发新的活力。传统的品牌想经久不衰，就需要融入更多民族、地方特性，不断挖掘、发扬“传统”。

乔家栅以“让消费者绝对放心”作为企业的品质控制的通行证。现在人们越来越关注食品安全问题，工厂内引进国内外最先进的设备、设施。成本的提高可以换来更高品质的产品，也就能更好适应未来市场的竞争，并最终赢得“民心”。

正所谓“得民心者得天下”，“乔家栅”通过几代人的精心打造、悉心守护，这一百年品牌无论从知名度还是美誉度，无论是在本土还是在国内、国际华人界，都成为当之无愧的“民族品牌”。作为中华老字号品牌，乔家栅已不是一个家庭、一个企业、一个城市、一个地方的财富，而是民族文化的传承者，它沿袭了中华民族商业的血脉，传承了古老文明的精髓。

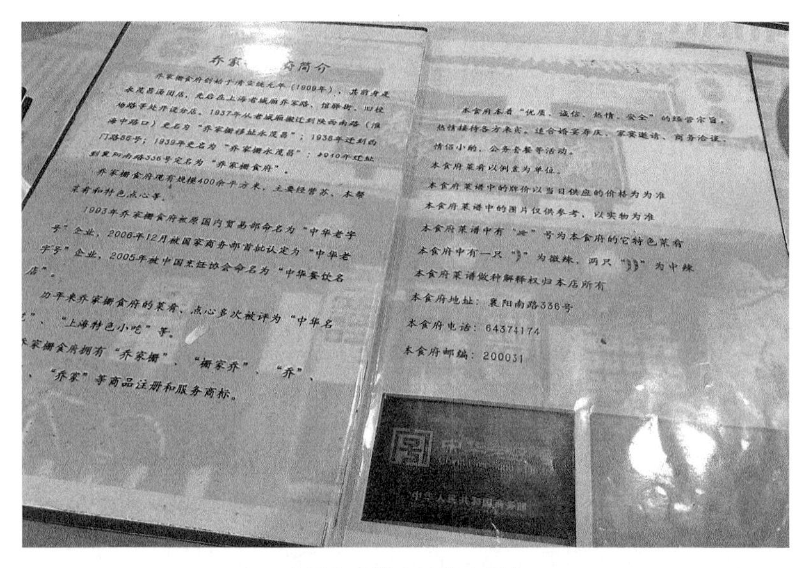

（图为菜谱上品牌介绍）

难忘人情味，长忆乔家栅

“乔家栅”传承下来的不仅是美食，更是中国传统的文化。多年来乔家栅秉持着融入更多民族、地方特性，使食品本身就具有鲜明的民俗特点。每当传统节日来临，人们首先想到的就是去乔家栅吃传统点心。中秋吃月饼，清明有青团、端午吃粽子。这不也是一种文化的传承吗？

从最初的弄堂里的一家小店，到现在享誉全国的老字号。“乔家栅”依旧不忘初心做老百姓爱吃的点心，正如它最初崛起时人们常说的那句话“到乔家栅吃点心吧！”。在走访的过程中，“乔家栅”传承的是传统，发扬的是创新。他们要把自己的美食做成了品牌，光有传统肯定是不够的，“乔家栅”在传统美食里添加了“创新”这一调味剂。使得一个百年老店能够不断发光发热，立足在行业的前列。只有在传承中创新，在创新中发展，“乔家栅”这一老字号品牌才能成为深入人心的“民牌”，“永续经营、基业长青”才成为可能。老祖宗留下来的好东西不能丢，但要结合现代科学技术和层出不穷的新材料，力求全方位的创新，才能做到永续经营，百年基业才能长青。乔家栅在倡导“特色诚信”的同时，更赋予品牌年轻感、成长感、高档感、现代感和时尚感，更注重品牌内涵的创新。

在如今“大众创业、万众创新”的背景下，创新更是每位大学生应该学习和不断尝试的。创新是民族进步不竭的动力，创新思维指引我们不断向前，我们青年一代是最具有领悟力和创造力的，也肩负时代的重任，我们应该在自己的学习生活中以创新的思维指引行动，紧握时代脉搏，以各类创新创业大赛为契机，敢于创新、勇于实践，这也是我们从本次走访中获得的最深的感受，唯有不断创新才能使老字号之名不朽。

三 阳 南 货

——百年老店，记忆不变

寻访人员：孙　沁　徐清颖

指导教师：李　俊

传承百年的老店，流逝的是时光，不变的是一份海派情怀，传承的是手工古法制作的初心，难忘的是存储在一代代人心中的关于美食的记忆。

（图为门店外观）

风云动荡，初现三阳

吃红枣，用桂圆做羹，拎一只上好的火腿走亲访友，上海人冬令进补和过春节都离不开南北货。

上海是一座移民城市，人们从五湖四海来到这里生活、创业，寻求更好的发展机遇。与此同时，各地的美食，制作美食的工艺，也随着这些移民一起来到了这座城市，成为上海所独有的一道风景。在这里，北方人可以品尝到地道的南方特产，南方人也拥有了正宗的北方干货。久而久之，这样的交换就成了一门生意。于是，大大小小的南北货店便应运而生，因为店中的南方食物居多，所以上海人一般将在南货店里买卖的各类特色美食统称为南货。1870年，宁波人士唐某来沪，在今福州路、福建路口开设了同三和商店，而后迁往南京东路现址，并改名为三阳南货店。该店前店后场，以经营高档南北货和手工生产宁式糕点为主业。

时过境迁，南货店早已融入上海这座城市中，无论南京路的街道变得多么繁华热闹，这里总是可以让人在宁静中回忆起上海市井的陈年味道。三阳南货店是上海老一辈人熟知的土特产商店。江浙地区的各式干货在这里一应俱全。

峥嵘岁月，生生不息

短则百年，长则千年，这些跨越了漫长岁月，如今依然在勤恳地书写着新历史的长寿店铺是如何在时代的变迁、激烈的竞争中坚守自己的一席之地的？放眼整个行业，部分老字号企业正面临品牌濒危的窘境。2004年，商务部曾对我国老字号企业做过一次调查，结果显示，当时我国有近1.6万家老字号企业，其中70%经营十分困难，20%勉强维持，只有10%发展较好。所有老字号中历史不足100年的约占57.3%；100至200年的占28%；200至500年的约占12.7%；500年以上的占2%。国外很多知名品牌都具有百年历史，如可口可乐、沃尔玛等，且依然发展良好。我国有不少经营了上百年的老字号企业，虽然品牌影响深远，却由于经营观念和制作方式落后、产品种类和形式单一、知识产权保护意识薄弱或城市拆迁等原因，勉强维持生计甚至面临濒临倒闭的窘境。2006年申报“中华老字号”时，有许多老字号商标或企业名称被他人抢注而导致品牌价值丧失。还有的企业因为商标过期或变更信息不及时等引起众多法律纠纷。

尽管自1870年（清同治九年）以来，由宁波庄市坂里塘八位唐姓股东合伙开办的三阳南货凭借良好的信誉和独特产品，曾在上海这个海派城市产生了一定影响力和知名度。但是随着人们消费习惯的改变以及更多外来产品填满中国消费市场，“老字号”的生意似乎越来越难做。90后、95后这些逐渐成为消费主力的人群所追求的，不再是老字号所具备的稳定与品牌效应，他们更多地追求个性化的新颖产品，因此，我们认为，老字号在互联网时代想要在线上发力的主要落脚点应是创新。

经过暑期到店内的简单走访，我们发现老者、游客占了消费人群的绝大多数。老年人群因为孩提时代的记忆，对老字号的产品有着莫名情怀，这份独特的食物的味道深深地印刻在他们的脑海中；此外，游客的旅游行为也能够带动当地特色产品的消费，外出旅游，携一份特色商品作为伴手礼无可厚非。然而，这两类人群想要传承老字号，却是心有余而力不足。

时代瞬息万变，在无数的危机中，这些老字号又是如何毫不动摇地保留了自己的原貌？现以上海三阳南货店为例向大家道来。

（一）用优质食材坚守传统美味

三阳南货店经营上柜的南北货均选用上品，进货时特别注意产地，如莲心要湖南的，桂圆要福建的，红枣要河北的。进店后再行加工，一般的商品均经过一晒、二筛、三拣、四分档道序，极为考究。

1. 干货柜

例如桂圆的选用。严格挑选外形圆整，壳薄而脆，壳上有核桃状细花纹，壳内壁色泽黄褐，内核圆整光滑，仅少数略有凹凸状的桂圆。业内人士称其为兴化桂圆，它分几个等级，直径在2.7厘米，称为“大三圆”，然后直径在2.4公分（2点4厘米），称为“四圆”，接下来直径在2.1厘米就称为“五圆”，不同的大小分不同的价钱，拆开后再卖。精细的分档历来都是干货成品的重头戏。

2. 糟醉柜

选做醉蟹的原料都来自江苏兴化中堡镇，江苏兴化的中堡镇是苏州地区养殖第一镇，这里生态优良，水质清新，出产的螃蟹肉质细嫩，是制作醉蟹的绝佳原料。上海人吃螃蟹特别讲究口味，讲究质感，螃蟹要选只只红膏、膏肥脂满、青皮白肚、金爪黄毛的，用这样的蟹加工出来的醉蟹，质地鲜美。塘里的螃蟹养殖，基本上都是无公害，无污染。好的原料决定了三阳南货醉蟹的美味程度，吸引了一批又一批的消费者。

3. 腌腊柜

走进腌腊柜台，火腿的咸香扑面而来，这些肉质鲜嫩、香气浓郁的火腿，全部来自浙江金华——江南最著名的火腿产地。这家位于金华永康市的火腿加工厂已经为三阳南货店的腌腊柜台提供火腿多年。制作金华火腿必用的猪种叫两头乌，特点是皮薄、骨架细、脂肪丰富、味道甘香。每年立冬到立春，气温最低，是火腿腌制的最佳季节。此时腌制出的火腿被称为正冬腿。立春之后，温度均匀，日照充足，则正好清洗晾晒火腿。而夏季温度较高，又是火腿发酵的最好时节。火腿成品按照大小被分成不同等级，整齐地被摆放在木床上。

精通火腿的师傅将竹签分别插入火腿的上中下三个部位，三签拔出来后闻其味道就可以鉴别出火腿的质量。三签香的属于特级火腿，上签香的，中签不香的，下签有异味的属于一等品，三签都有异味的是次等品，是最差的。这些肉面向上，皮面向下的火腿还需要每隔五到七天翻动一次，上油均匀以后才会被包装出厂。优质的选料、专业师傅的鉴定和对制作流程的严格把控，正是金华火腿诞生的秘诀。

（二）员工个个都是达人

每天清晨，戴志宏师傅（上海三阳南货店干货柜台组长）都要穿过店堂，来到摆放了各式各样南货的仓库。在客流高峰即将到来的前一个小时，他都要负责

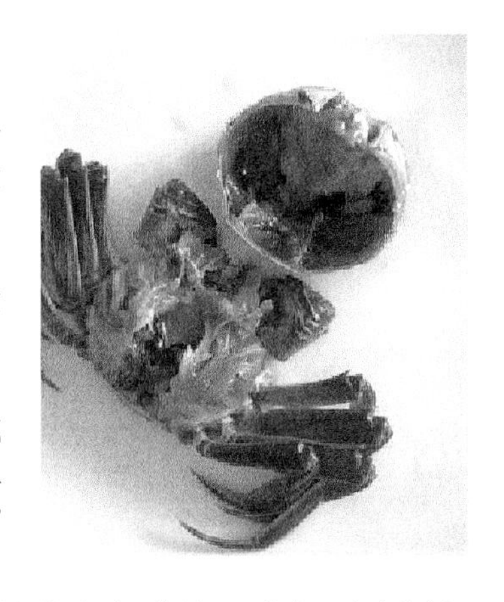

整理预备足够的干货，将其按不同规格进行分类。自学徒时期练就起来的眼力，早已在长年累月的工作中变成了习惯。

上午10点，南货店迎来了第一波小高峰，干货柜台也显得特别热闹。在我们看来，这里的买卖都有几分唠家常的味道。店员对于顾客的询问都是有问必答，而且亲自帮顾客挑选符合其心意的干货。他的待客之道是：我们要让顾客来到我们柜台的时候，有一种赏心悦目的感觉，产生一种购买的欲望。

早期南货店大多采用前店后工厂的布局，如今，这一布局已被大型的食品加工厂取代了。经过初步筛选，清洗过的螃蟹被放入流动水池中暂养一天，使其吐尽体内泥沙和污物。接下来便是最为关键的步骤——醉制，朱师傅告诉我们，腌制醉蟹有一条八字要诀，那就是：雌不犯雄，雄不犯雌，也就是说，要严格区分，将雌雄蟹分开放置。因为醉蟹必然以雌蟹为佳，若一缸雌蟹中混入了雄蟹，那么雌蟹必定会因为碰到雄蟹而骚动，蟹黄不能凝结的饱满浓稠，也就失去了它的精华。当然，对于专业师傅来说，这些只是基础。醉蟹的真正精华还在于这蟹与酒的精密调配，各家都有自己的秘方。与很多醉蟹使用黄酒不同，这里用的是米酒。老师傅透露，米酒不仅能使螃蟹醉毕，起到杀菌抑菌的作用，口感也更加温和甜蜜，醉蟹的咸度降低了，更加符合上海人的口味。

醉蟹的制作，绝不仅仅是一张食谱能够搞定的，其中既有口口相传的情义，也有自己对口味的领悟，更有对于老上海手工货品的传承。

对侯建刚（上海三阳南货店腌腊柜台组长）师傅来说，切刀是十分重要的工具。高级师傅一般都自己配备好几把刀，什么部位的肉，什么时间的肉，采用的切刀都不一样，这些都是一代代火腿师傅传下来。从事腌腊行业32年的侯师傅，一般每隔一个月，都要亲自到金华进货，我们毫不怀疑，侯师傅有百里挑一的本事，能检出最优质的火腿。

侯师傅告诉我们："到成品仓库里验收火腿，第一个先看仓库里是否有异味，若没异味，看火腿的腿形，看腿形的话，第一个看它的爪子是否完成四十五度。爪子较弯，腿形较光滑、圆整的，质量就是较好的。"

11月份一到醉蟹重新爬上了糟醉柜台，食客蜂拥而至，就为了抢先品尝这等候了半年的美味。

在这方寸之间，刘玉珍（上海邵万生南货店糟醉柜台组长）亦有她的待客之道。不要看只有这三个糟醉柜台，在人与人之间，顾客进柜台，怎么招待他们，她的心里总有一杆秤。一般对年纪大的顾客，她推荐实惠的糟醉产品，让他们觉得价钱实惠，东西又还可以；但是有时顾客走进来，看上去要买东西送人的，需要问他们是不是要送人，如果要送人，就给他们介绍最好的。"有很多人认着我来买的，他们知道有时候我不上班，他们就不买，过两天再来，看到我在这，他们才买。"一份热爱工作的真挚之心、良好的人际关系以及受益于老顾客的信任，成就了刘玉珍，也成就了糟货柜。

员工们的这些小技巧虽然看着简单，但其实绝对不平常，正是这些小技巧成就了老店的经久不衰。员工们都是各个领域的顶级专家，不管是不是老板，谁都无法取代他们的位置。

（三）前人精华，继承创新

糟醉产品的加工基本上还是按照老的传统加工方法，但是从投料，加料根据现在消费者喜欢的口感，都有适当的改变。

当浙江人一百多年前，在今天的南京路山西路路口创办糟货店的时候，大街上的人还都拖着辫子，黄包车也跑得风生水起，而各种自产自销的糟醉食品也成了很多人对于上海最初的味觉体验。时过境迁，当年的糟货店成了店堂明亮的店铺，而糟醉依然让人流口水。

在各类糟醉食品中，黄泥螺和醉蟹在上海人心中拥有特别的地位。品质上乘的黄泥螺软中带硬，口感润滑，无论是下酒还是当成配粥的小菜对食客来说都是一种美味的享受。而腌制后的醉蟹色泽晶莹、膏黄饱满肥糯，肉质鲜美细腻。这些让上海人念念不忘的糟醉食品用酒或糟质为主的调味品将原料浸渍入味，不仅延长了食物的寿命，更让食客唇齿留香。

所思所望，难忘三阳

二三十年过去了，老顾客们一年又一年光顾这里，有些东西还是在悄悄地发生改变，一些曾经辉煌的糟醉食品在今天由于各种原因已经难觅踪影。以前一到春节前，人们自己带容器来称银蚶，但是因为甲肝曾一度肆虐，后来就不好卖了，直到现在也不好卖；在1985年，辣油咸蛋卖得很好，那时是生意最好最红火的时候，因为那时都是老师傅在做，辣油咸蛋味道又好，又别致，外面没有看到过。这个咸蛋现在基本上不做了，但是老顾客中来问的人非常多，南货店现在暂时没有这个货，后面做不做也未知。

或许银蚶和辣油咸蛋的命运也从另一个侧面反映了这些南货店的现实困境，面对大型超市和网购的冲击，传统食品柜台已经不足以支撑一家南货店的生存，不知道在未来的某一天，黄泥螺和醉蟹是否也会像辣油咸蛋那样成为上海人记忆中的美味？

真正作为消费主力的是新一代年轻人，如今将品牌效应引入其消费观念，如何令其接受传统美食，而不被外来饮食文化所逐渐湮灭，这将是三阳南货未来发展所面临的一项重大考验。如今，在互联网飞速发展的时代，老字号经营与电子商务的结合不仅顺应了时势，传承了传统的手工制品。老字号作为体现中国特色的一根支线，其手工工艺在一定程度上丰富了祖国的历史底蕴。虽然老字号有着强烈的品牌特色以及文化内涵，在遭遇互联网与新兴特产的冲击时却仍然显得颇为无助。这时就需要介入外界的力量，采用"TP+老字号"的模式来帮助老字号适应互联网环境——各地老字号协会，老字号企业、品牌入驻，在TP代运营公司的帮助下创新产品，提高线上旗舰店的运营能力。在我们看来，老字号有着它的固有优势，但与随着淘宝平台一起成长起来的淘品牌不同，它缺乏一个与互联网环境共同成长的过程，而这也是老字号们转战线上所遇到的最大瓶颈。转型过程中，应聚集例如三阳南货等众多跨越品类分类的中华老字号品牌，使其形成一个老字号专区，令消费者能够从中挑选出最具地方特色或者文化特色的产品。像这样的抱团造势虽然并不足以光复老字号们原来的势头，但在一定程度上却能够吸引更多消费者的目光——特别是70后、80后这些对老字号有着更强烈品牌忠诚度的群体。老字号在转型之路上，还可与当代一些电商合作。例如现已实行部分老字号与手机淘宝合作，推出当地“必逛”栏目——消费者在当地打开手机淘宝，系统将自动定位区域并向其推荐所在地区老字号，除了推荐老字号旗舰店外，还以地图形式推送老字号实体店与消费者之间当时的路程距离并提供导航服务。此外，针对地域特性，进一步挖掘细分市场也是老字号的一条出路。老字号在转型的同时，需要充分考虑整个消费环境的变化，一成不变的生产与营销肯定不能满足日益变化的市场需求，针对日益成为消费主力的群体，适当创新才是老字号未来的发展方向。

随着“三微”时代的到来，商业推广层出不穷，三阳南货虽凭借自身优势吸引不少客人，但适应潮流的发展才能更好地打响品牌。老字号可凭借自身的品牌优势建立微商营销，打造线上线下双经营模式，加之老字号工人扎实的手工技术，这样既留住了忠实的老顾客，又可在新一代中建立口碑，吸引新消费者的目光。

通过广告形式宣传品牌必不可少，三阳南货可与百度、腾讯等运营商合作，在页面间隙插入广告，提高知名度，以便将原本流动性强的消费者导入老字号实体店内。

《花香满径》的作者威廉·巴克莱说过：“传统能把好的文化保存下来，也能把一些已经毫无用处的事保留下来。传统可以启发新思想，但是也可以成为进步的绊脚石。”

总而言之，老字号想要继续生存一个百年，不仅要坚守品质和保证信誉，同时还要勇于创新生产方式。通过这一次寻访老店的活动，我们了解到百年老店乃至传统手工工艺的文化传承，都面临着严峻的考验。老一辈的工匠为手工工艺的传承做出了巨大的贡献；作为新时代的年轻人，我们必须重视起文化传承的问题。那些来自岁月深处的痕迹早已融入我们生活的衣食住行之中，难以割舍。就像那默默坐落在江畔一隅的老店一般，静看时光恣意。

历经浮沉，春风又起

上海三阳盛南货店，创始于1928年。当时有一位苏州人与人合伙在石门一路113号开设此店，为二开间铺店，面积80平方米。因其系木匠出身，精于雕刻，故对柜台、货架装饰特别讲究，店堂内架起一座似亭台的花楼，仅花档子就有201根，档子上刻有龙凤等不同图案，形象逼真，柜台边角，货架上方雕有花边回纹，做工精细，使商店显得古色古香，犹如一座艺术殿堂，富有民族特色。商店专营绍帮南北货商品，名噪一时。后由于缺少周转资金，不得已于次年转售于崇明人氏启明等6人经营。施等接手后取名三阳盛，意为三阳开泰，长盛不衰。于1929年10月23日重新开张，仍主营南北货商品。为了在同行中胜出，商店特设干果盆景预订业务，由店内能工巧匠夏芝茂等人制作出婚寿喜庆和小孩满岁、周岁用的各种干果盆景，一字一盆，四盒一组，合为一句口彩。如作婚寿喜庆用的盆景，常用“玉（系猪脚蹄髈）堂（系方糖），富（系烤麸）贵（系桂圆）”；生日盆景则用“枝（荔枝）圆（桂圆）桃（核桃）枣（红黑枣）”四个字，把群众喜闻乐见的口语与干果名称的谐音融为一体，深受顾客喜爱，从此生意越做越兴隆，成为沪上有名的南货店。

而三阳南货作为百年老店，不仅仅传承了味觉上的美味，更传承了三阳南货工匠的精神。现如今科学技术发达的时代，机器不断代替了人工生产力，人们的生活节奏和机器一样不断加速，便捷的生活让我们很难再静下心来享受美食的味道。三阳南货在如今快节奏的生活中，仍旧能带给人们老上海的回忆，一口醇香的味道，一段百年的记忆。三阳南货的工人们，在这个多变的时代用不变的情怀为人们带来难得的慢节奏，不仅留住了老一辈的回忆，更为现代的年轻人注入了工匠精神的元素。

立　　丰

——立诚天下，丰食人间

寻访人员：王　琦　王　宁　王润韬　徐怡文
指导教师：李　俊

立丰天然万古新，豪华落尽见真淳

上海立丰食品有限公司是创建于1938年的“中华老字号”企业，以广帮与海派特色享誉申城和周边省份，乃至海外，素有“牛肉干大王”之称。“老少皆宜”是立丰食品的特点，因此深受消费者的喜爱和追捧。其中牛肉干、鸭肫干、鸭舌等产品在华东地区享有很高声誉，十分畅销，为消费者购买的首选品牌之一。

立丰通过充分的广告宣传以及送货上门服务等营销策略，生意越做越兴隆，名气也越做越大。1967年8月，“公成南货店”与“立丰供销合作社”进行公私合营，改名为“上海立丰广东土产食品商店”，合并之后，由原来的两开间门面扩大到了七开间，并扩建了食品加工厂。

（图为立丰集团创始人：陈炳尧）

本着“立诚天下、丰食人间”的宗旨，以开创食品消费潮流为己任，上海立丰食品有限公司以成熟的品牌内涵，强势跨入全国特许经营领域，愿与有志者携手，分享立丰积累的理念，创造更大的利润，同时在更广阔的区域提升自己的形象，传播自己的企业文化，由此形成良性循环，实现互惠双赢的美好合作意愿。立丰特许经营商店计划的稳步推行，正在一步步扩大企业的生产销售范围，将立丰的生产和发展带向一个新的高度。

立足沪上志丰民，马到“公成”在人间

立丰低调、纯粹的海派风情还得从民国27年说起。1938年9月，粤籍商人陈炳尧集资13股合资开设了一家南货店，因为陈炳尧祖父生前曾开一个小店，系“公”字称谓，他为了表达马到

成功的心愿，就将商店取名为“公成”，讨个吉利口彩。

随着时代的发展与变迁，立丰食品初心不变，重视产品质量，不断推陈出新。2006年被商务部认定为“中华老字号”企业，并且连续五届荣获“上海市著名商标”，市场占有率连续多年在上海市场保持领先。

成立于2001年的上海立丰食品专卖连锁公司，在近两年的时间里开设了自有品牌专卖店60余家，专卖店的成功运作创造了显著的社会效应和经济效应，积累了丰富的经营管理经验，坚持规范化、系统化和标准化，实现了连锁经营的统一形象、统一管理、统一采购、统一配送、统一核算、统一营销。

我们通过网上了解了立丰食品有限公司的发展历史和经营状况 :“立丰牌”商标被评为上海市著名商标，“立丰牌”产品自1999年连续4年被评为“上海市名牌产品”；连续5年被评为

（图为立丰商铺）

“上海市场畅销品牌”；公司荣获“上海市商业品牌‘龙头’企业”，“上海市优秀企业”等称号；自1999年起公司连续三年获得上海市销售额百强和上海市食品行业销售额十强称号；2001年立丰产品顺利通过了ISO9002质量体系认证。

上海立丰食品有限公司主要生产经销牛肉干、香肠、腌腊、烧烤等熟食系列食品，主要产品有自产自销的牛肉干、香肠系列、腌腊系列、烧烤熟食系列及肉松、肉铺、肉枣、鸭肫、鸭舌等系列休闲，旅游和厨房食品，共150余种产品及规格。其中牛肉干、鸭肫干、鸭舌等产品在华东地区享有很高声誉，销售非常火热，是消费者的首选。

立丰公司以市场为导向，不断地开发科技含量高，市场前景广，并能填补国内空白的创新型产品。它不断地开发高新技术并领先产品，使得企业持续发展。现在的“立丰”已成为上海第一，全国第三的休闲食品，进入各大洲的华人社区，并为世界所熟知。其中“立丰牛肉干”更是以“牛肉干大王”之美称享誉海内外。同时公司还自主研发了10多种系列的休闲食品和厨房食品、蜜饯、炒货、腌腊食品，总计400余种产品及规格。

（图为立丰商品）

桃李不言，下自成蹊

公司紧紧抓住发展机遇，确立了“以市场为导向，以品牌为龙头，以创新为先导、以现代商业为目标”的品牌发展战略，从观念、体制、管理、经营、服务等方面对企业进行脱换骨的改造，逐步把一家前店后工场式的传统商店打造成为产品系列化、产销一体化、经营连锁化、管理科学化，拥有自主研发、自主加工能力的都市型现代商业企业，公司经济平均每年以20%的增长速度迅速发展，成为市、区政府培育的商业“小巨人”。

之所以能在激烈的市场竞争中，成为行业领头羊，是因为立丰恪守着“诚信”的根本。一个企业的成功和经营的初心息息相关，立丰从“公成南货店”开始，在当时三家电台大力推广，上海市民能时时听到“公成六味烧鸭、香味阵阵扑鼻、欢迎前来品尝”的介绍。到后来与“立丰供销合作社”进行公私合营，新店继承发扬了广帮特色，尤其是生产的熟食，秉承了老店公诚南货店的传统配方，用料讲究，特别是五香辣味牛肉干是选用优质新鲜牛肉，按广式传统配方，经过烧煮、翻炒、烘烤等多道工序制作而成。立丰的这种用特殊工艺加工的牛肉干，形态方正，五香四溢，味甜而鲜，微有轻辣，嚼后有回味，营养丰富。特殊的工艺也最终成就了立丰“牛肉干大王”的美称。1980年代，中国女排称霸世界排坛“五连冠”期间，只要在上海训练或是出国比赛前夕，也会特地到立丰购买各类味道好、营养价值高的各种食品，特别是立丰的五香辣味牛肉干。

如果没有产品的质量作为宣传的资本，那么也没有后面在沪上越来越受欢迎的“立丰食品”这一招牌。多年来，公司十分重视两个文明建设，坚持“两手抓，两手都要硬”的方针。经过企业上下一心的努力，立丰两个文明建设取得了丰硕成果，立丰曾荣获1999—2000年度上海市文明单位，蝉联八届静安区文明单位。

如今的立丰，成就它的不仅仅是大力的宣传和独到的营销策略，更重要的，是它几十年来不忘初心，本着“诚信”的原则，以真材实料、精湛的技艺和不断创新打动了消费者，让自己在行业上站稳脚跟不断攀登高峰。

（图为立丰店员为顾客介绍商品）

立成人间，难忘丰食

在对上海立丰食品有限公司的调查研究中，我们小组发现立丰食品成为上海的“百年老字号”不是没有原因的。立丰食品自1938年创建以来，从来没有停止过创新的脚步，在创新的同时却也从来没有丢弃过传统文化。传统文化是在长期历史发展中形成并保留在现实生活中的、具有相对稳定性的文化。一个企业只有发挥传统文化的积极作用，克服传统文化的消极作用，才能兴旺发达；只有正确对待传统文化的影响，才能自由全面发展，更好地创造新的企业文化。传统文化的相应内容如果能顺应社会生活的变迁，就能对企业的发展起积极作用；反之，如果一成不变，传统文化也会起阻碍企业发展的消极作用。

在实践过程中，我们走访了立丰各地的商家，虽然我们热情满满，却无奈时常吃闭门羹。可想而知，社会上每一件事都有自己的运行机制和规律，我们要尊重他人，学会理解。当然这其中也包含了与人沟通的重要性，对于我们这群生活在校园内的大学生而言，学会与人沟通、体谅他人，将会使许多事情变得很简单轻松。作为一个团队，只有拧成一股绳，才能发挥最大的力量。面向社会，在实践过程中，我们总免不了遇到种种挫折，需要大家一起想办法解决、同商家协商。虽然有不顺心和不如意，但因为共同努力地处理这些问题，使我们的团队联系更紧密，我们不再只关注自己分配到的任务，而是相互协调，给予彼此帮助和依靠。在团队中，学会关心彼此。

文化是一个企业凝聚力的源泉，正是因为企业员工有着共同的信仰，对企业的文化达成共识，才能够共同促进企业的经济发展。同时经济又是文化的基础，经济发展好了，才能更好地在继承和发扬传统文化的同时，不断推陈出新，革故鼎新。老字号是社会历史发展过程中的一朵商业文化奇葩，有着悠远的历史背景和厚重的文化底蕴，是历史文化名城的重要组成部分，也是一种十分可贵和不可再生资源，其品牌意义与价值远远超过了物质意义。

“千里之行，始于足下”，充分地体现了立丰食品从一个小小的南货店不断拼搏不断创新，将自己打造成如今上海首屈一指的广帮食品的心路历程。一个企业或是一个人的成功，都是需要自己一步一个脚印，来打造出走向成功的道路。“立成天下，丰食人间，热情真诚，努力拼搏”作为立丰经营宗旨的具体体现，不仅仅是立丰公司行动的指南，对我们商科学生今后的工作也有指导意义。

杏 花 楼

——民族美食，走向世界

寻访人员：李 智 肖家庚 李 娜

指导教师：李 俊

百年杏花楼，名满楼外楼

上海杏花楼（集团）股份有限公司，是餐饮十大品牌，创办于1851年，原名探花楼，是中华老字号，上海老商标，是一个“传承百年，再续百年”活力飞扬的企业。杏花楼素以地道粤菜、中西糕点、粽子腊味闻名，尤以精制月饼著称。近百年来，杏花楼月饼以独特的配方，精湛的工艺，长久软糯的特质享誉海内外，月饼成为杏花楼得以长足发展的支柱产品，连续五年被评为“上海名牌产品100强”，成为唯一入围“国饼十佳”的上海月饼。在菜点方面，杏花楼注重挖掘创新了一批传统特色菜、招牌菜，博采众长、兼收并蓄、创新求变，品种极其丰富，使得杏花楼酒家也被世界中国烹饪联合会认定为“世界中餐名店”。

杏花楼店名、品牌、商标相得益彰，具有丰厚的品牌文化内涵，百年来一直声名远扬，历久弥新。1927年杏花楼品牌创立，1980年杏花楼注册了企业商标，1997年杏花楼商标被评为“上海市著名商标”；2005年“杏花楼”商标终于成为上海最具影响力的老商标之一；2006年杏花楼商标被认定为“驰名保护”。杏花楼的品牌、商标史是杏花楼坚持传承优秀，不断为品牌注入内涵，凝聚着传统文化和时代新意的企业发展写照。

历经岁月酝酿，杏花香味愈浓

“杏花楼”之名的由来也有一说。在未改名之前，其名“探花楼”，生意虽好但名气不大。有位中学任教的苏君（苏宝华），既是该店的老顾客，也是饭店老板的老朋友。他建议老板取一个雅号，老板听后觉得正合心意。苏先生以唐代诗人杜牧“清明时节雨纷纷，路边行人欲断魂。借问酒家何处有，牧童遥指杏花村”为据，建议取用“杏花”，于是便有了“杏花楼”。1930年，清朝末科榜眼朱汝珍（广东人）特地为杏花楼书写招牌，字体清秀，挂在底楼店堂正中，这块招牌历尽风波，至今犹存。“杏花楼”招牌写于“庚午孟冬”，落款刻有“朱汝珍印”和“甲辰榜眼”二枚印章。

20世纪三四十年代是杏花楼生意兴盛时期。粤菜、粽子、腊味、龙凤礼饼是当时的主打，但月饼的名气还不大。时任国民党上海市市长吴铁城偏爱食杏花楼的粤菜，他本人是广东人，便成了杏花楼的常客。他请客设宴非杏花楼不可，而他宴请的都是政界要人、社会名流。李宗仁、汪精卫、孙科、陈公博、黄金荣、杜月笙、朱介华（教育部长）、黄宠惠（外交部长）和市府秘书长俞鸿钧、银行家陈先甫等都是杏花楼的常客。除了招待当时上海滩的名人之外，老板还扩大经营范围，于是便有外出上门烧菜、服务、送菜和后来的公司菜。

现已家喻户晓的杏花楼月饼，在1920年代时并无名气。而当时上海的广式月饼比较有名的则是冠生园和陶陶酒家。后来，杏花楼在与陶陶酒家的竞争中，不断改进工艺，从选料到加工都独具一格，在市民心中慢慢树起了牌子。杏花楼月饼用料讲究，外形美观，色泽金黄，油水充足，皮薄馅丰，松酥可口，种类繁多。杏花楼月饼从此在上海名声大噪，成为中秋必备上等礼品。

新中国成立以后，杏花楼几经装修改造，使楼由原来的四层变成现在的五层。一次可摆上百桌酒席，上千人可同时就餐，设有精致包房，装有中央空调，设备更加完善，装潢也讲究。由于菜肴选料精细、滋味鲜美、清淡可口，体现出浓郁的广东风味，深受中外顾客的好评。上海的第一任市长陈毅曾来杏花楼就餐，美国参议员爱德华-肯尼迪一家也来过。港、澳、台胞、海外华人回到大陆，都专程慕名前来。前市长汪道涵来店就餐后在这儿留下“群贤毕至”的字墨。

经历漫长的140年的历史，杏花楼的职工已更换了好几代人，但传统特色代代相传，使这块金字招牌越来越亮，俨然成为上海滩的“代言人”之一。

问君哪得香如许，唯有匠心芳自来

都知杏花楼月饼名满上海滩，却不知这盛名之下，实则是杏花楼的匠人们朴实的执着与坚守，他们把品质作为安身立命之本，亦是其扬名立万之所在。杏花楼人在制作月饼时，精心挑选上好原料，专注于从第一步就开始的选择。当时的李金海经理特意组织人员，不远千里赴全国著名产地选购优质原料，虽然十分烦琐，但就是这股对顾客负责、对自己负责、对品质负责的精神，为杏花楼月饼的特色奠定了很好的基础，最终才有了我们现在的饼皮松软、皮薄陷丰、特色鲜明、闻名遐迩的杏花楼月饼。一个作品的诞生，离不开这期间所有杏花楼匠人们的努力与付出，他们不断努力创新，通过精心钻研和不断探索，经过不断地研究试验，总结出月饼饼皮口感好坏的关键要素在于熬制糖浆的浓度。有了可口的饼皮，还需要有优良的馅料，我们所知道的豆沙馅、莲蓉馅、五仁馅、椰芸馅等，这每一种馅料的制作，都离不开匠人们的良苦用心，遵循质量第一，力求让顾客买得放心，吃得放心。在包馅成型和烘焙上，杏花楼的匠人们不断改进技术，利用传统的优秀技术，与现代一些先进技艺相结合，把每一个月饼都做到最完美。这小小的一个月饼汇聚了杏花楼每个匠人的付出与努力，追求与执着，对心的忠诚，对顾客的忠诚，这小小的一个月饼也包含了杏花楼匠人在制作过程中对于品质的专注，对于技艺的创新，对于点心制作行业的精益求精。

唐朝宰相魏征的《谏太宗十思书》说道："善始者实繁，克终者盖寡。"许多人做同一件事，开始做的人很多，但是真正能够把一整件事情做好的寥寥无几。匠人们除了有对于品质的追求与执着，还有着那份平静与韧劲、善始善终、不畏困难、百折不挠的性格。杏花楼月饼最终脱颖而出。在月饼还未出名之时，月饼销路并不是很好，但经理李金海却瞄准了当时坐落在四川北路且名声在外的陶陶酒家月饼。他一方面加紧研究工艺、提高质量，另一方面在陶陶酒家对面临时租了一间门面，挑彩旗，吹打乐，与陶陶酒家这个强劲对手唱对台戏，颇有一种"螳臂当车"之感。于是第一年他们以失败结束。骨子里的那股不服输的劲儿，促使杏花楼匠人们在月饼研制过程中屡挫屡败，屡败屡战，杏花楼第二年重整旗鼓，精工细作，重视月饼的质量，另一方面继续唱对台戏，与这个强敌纠缠不休，挑战对手，更挑战自我。我们都知道好的对手是自己快速成长的捷径，而知己知彼才能胜券在握，在一来二往的挑战中，杏花楼月饼厚积薄发，凭着其优良的品质，最后一炮打响，从此扬名。

坚持优秀传承，创新品牌提升。工匠精神的内涵不仅是对品质的坚守，还有对传统技艺的坚守、传承和发扬，使之在实践中不断提升、创新，进而更加精湛。杏花楼至今已连续八年产值、销量保持全国月饼行业领先地位，月饼连续四年成为上海唯一入选“国饼十佳”。杏花楼月饼在叙述着中秋的故事，也在叙述这位百年工匠的故事。现如今，杏花楼以市区120家食品连锁专卖店，逐步拓展到全国市场，此外，一座30 000平方米“FDA+DIY”的现代化智能型食品厂即将诞生。保持着杏花楼的传统品质，开创新的业态与运营方式，努力把杏花楼许多“看家宝贝”亮出来，尤其是杏花楼四宝“秋有月饼，冬有腊味，夏有粽子，春有青团”。这些老百姓桌上的宠儿，这些匠心凝聚而成的作品，都在为人们的生活带来幸福，也不断讲述着杏花楼的昨日今朝。杏花楼牌月饼外形美观、色泽金黄、软糯润滑、口味纯正、香甜适口，即便久放，却依旧软糯，正是其别具匠心，使其扬名。杏花楼坚持与时俱进的产品创新，不断融入现代理念，使月饼成为低脂低糖、富含营养的健康食品，从而保持鲜明的产品特色，历久不衰，正是其精益求精，使其名声永驻。在杏花楼的努力与追求之下，杏花楼的其他中西糕点，也成为上海市民喜爱的食品。“历史绵长，底蕴深厚，独家技艺，制作精良，经典传承，再续百年”这24个字概括了杏花楼月饼的独特，也让我们不得不感叹中华美食文化的魅力之大，中华美食匠人的技艺之胜。

你若盛开，清风徐来

我们团队在实地走访过程中，发现杏花楼的每一家分店店面都保持着相同的风格，并且杏花楼食品包装，很具有特色，古色古香，透露着老上海的气息。店里的顾客络绎不绝，我们随机采访了两位顾客，他们表示杏花楼在人们心中有着特殊的地位，是上海的老品牌，更是放心食品的保证，尤其到中秋佳节，挑选月饼当属杏花楼。我们慕名品尝了杏花楼的招牌月饼，即最受欢迎的玫瑰豆沙味和奶油椰蓉，不尝不知其味，一尝方知其美味，月饼皮薄馅足，甜而不腻，分量与口感并重，果真名不虚传。我们还了解到，杏花楼品牌不仅深受国人的喜爱与青睐，而且杏花楼对品质的极致追求，使得杏花楼走出国门，走向世界，让世界从这“楼”中看中国，了解中国文化。这次走访也让我们团队有机会去了解上海这座城市，了解这座城市的见证者——这些百年老字号。起初我们只知道杏花楼的月饼名声在外，美味可口，却不知道杏花楼月饼中凝聚着每代杏花楼匠人们的传承和创新，凝结着匠人们的希望和对甜美幸福生活的愿望。

杏花楼之行，让我们既了解了传统美食的独特魅力，了解到这些百年老字号的过往，在寻访中品味历史故事，在历史故事中品味老字号的沉醉味道。让我们明白杏花楼之所以被称为杏花楼，其背后的原因是几代杏花楼匠人们的努力与坚守，执着与追求。对品质的坚守是杏花楼匠人们在生产过程中不变的信念，从第一步开始，用心挑选最好的食材，到最后一步结束，用心做出最好的月饼，不忘初心，方得始终，才有了这顶呱呱的好口碑。

对产品的品质追求，对顾客的忠诚热爱，这月饼之中凝聚了匠人们的心意，以心换心，用心做事，是杏花楼安身立命的法宝。杏花楼将工匠精神发扬到经商之中，以心待客，客亦心待之，所谓待客之道，无他法，唯用心尔。

在历史的洪流之中，曾经有多少企业竞相角逐，呈百舸争流之势，历经多少困难和磨砺，有的折戟沉沙，有的浮沉欲坠，有的则乘风破浪。杏花楼经过百年岁月，时至今日，依然熠熠生辉，名扬四海，它的存在证明了品质于企业的重要，证明了诚信于商业的重要。古语云：业精于勤荒于嬉。杏花楼来源于匠人们的坚守，同样杏花楼匠人们的勇于开拓，精益求精的态度，更使得杏花楼拥有无限的能量；产品的创新与技艺的精湛，才使得杏花楼月饼拥有独一无二的口感，留住每位顾客的味蕾，留住人们的心。坚守品质，追求卓越，这是我们从杏花楼中看到的，感受的，也充分告诉我们经商如做人，要对得起顾客，把最好的留给他们，要对得起自己，把最本分的留给自己。

通过对百年老字号杏花楼的寻访，我们收获良多，感悟颇深。百年老字号在新的历史背景下走向新的舞台，百年老字号的美食历史悠久，拥有时代烙印，又与时俱进，有着时代气息。传统的美食，成为中华民族文化中不可或缺的部分。前段时间火遍全球的纪录片《舌尖上的中国》正是以中华美食为主题来表现中华民族不同地区不同民族的特色美食和地域文化。这些老字号不仅是文化的传承者，他们也是历史的见证者，是历史的创造者。我们要继承和弘扬传统文化，保护好这些老字号招牌，将这些老字号背后的故事一代一代地传下去，从中学习做人、做事、做生意。我们要像杏花楼的匠人们一样，在学业上要精益求精，把专业知识学扎实，夯实我们的基础，在工作中要尽心尽力，认真完成工作上的各种要求，把工作也做到极致，还要将理论与实际相结合，将我们的所学融入实践，在实践中思考。工匠精神是一种力量，是一种信仰，更是一种品格，会让我们的人生绽放出不一样的精彩。在杏花楼享誉中外的盛名之下，我们更要像杏花楼的匠人们一样，诚信做人，诚心做事。你若盛开，清风徐来。

泰 康 食 品

——“一畦春韭熟，十里稻花香”

寻访人员： 樊倩等
指导教师： 黄李艳

人无我有，人有我全，便民利民

上海泰康食品厂（简称泰康）由济南泰康食品厂创办于1923年，厂址最初设在制造局路，是一家以生产“福”字牌罐头而发家的著名罐头饼干食品厂，在我国食品界久享盛誉。济南泰康食品厂原为泰康食物号，由徐咏泰、庄宝康和乐汝成创办于1914年。名字来源于徐咏泰和庄宝康最后一字，组成“泰康”店名。泰康食品厂为了在繁华的大上海打开局面，首先根据沙丁鱼等洋罐头充斥上海市场的实际情况，又针对上海市民喜欢口味清淡、咸中带甜的各种鱼类和野味的特点，先后推出了“福”字牌五香凤尾鱼、油焖笋尖和各种野味罐头，受到上海市民的喜爱。尤其是其中的五香凤尾鱼，由于鱼肉新嫩、味道鲜美、价格适中，一上市就把进口沙丁鱼罐头作为竞争对手，很快便引起了各界人士的关注和青睐。当时有广告称："国人吃沙丁鱼，其实并不合胃，盖所以示阔气也。若代之以泰康五香凤尾鱼，佐以泰康辣酱油，风味别饶，所费经济，而且收获爱国美名，是诚聪明厨司令舍末求本之为也。"事实证明，物美价廉的五香凤尾鱼，正是借助这些激动人心的广告，很快取代了进口沙丁鱼罐头的地位，遍销大江南北。

1934年4月15日，泰康在枫林桥建起新厂房，命名为泰康罐头食品第一厂。该厂当年从美国购进了罐头抽气机，又特聘名厨来厂工作，产品之精良可与舶来品媲美。它生产的各种鱼类、肉类和蔬菜水果罐头无不畅销，先后推出的金鸡牌饼干，泰康皇后饼干和五磅"福"字牌红听装饼干都极受青睐，曾先后荣获国际南洋群岛新加坡国货奖、促进会优等奖、美国费城百年纪念展览会荣誉奖，以及国内历次国货商品促进会嘉禾奖和特等奖。由于产品精良，连获大奖，泰康声誉日隆，产销两旺，不仅在上海、济南、青岛、汉口、重庆等地建立了多处网点，而且远销新加坡、菲律宾、缅甸等国家和香港地区。

锐意改革，别出心裁，重振昔日之辉煌

1958年泰康别具匠心，推出了小球饼干和"金鸡"牌棒冰、雪糕以及冰淇淋，深受妇女儿童和广大消费者的喜爱。此后，泰康不断从日本、美国、奥地利等国引进软罐头、华夫饼干和冷饮的全套现代生产流水线，相继推出了多种具有特色的新品种，逐渐形成了三大经营特色：

（一）饼干传统销售特色

已先后将200多种产品投放市场，除深受欢迎的华夫系列饼

干和万年青饼干外，还有奶油苏打饼干和曲奇饼干，都先后荣获国家银质奖和轻工业部及上海市优质产品奖，并博得“吃饼干到泰康”的赞语。

（二）鱼、肉熟食制品销售特色

已先后将近百种产品投放市场，不仅保持了凤尾鱼罐头的传统优势，而且从1961年后凤尾鱼罐头成为独家经营的特色产品，荣获轻工业部优质产品奖。1970年代以后，泰康又相继推出了马面鱼罐头和蚕豆、番茄、芦笋罐头，以及猪肉、牛肉、家禽系列熟食制品，都因其口味纯正新颖、包装奇特美观而备受市民青睐。据有关资料反映，泰康的鱼片干和牛肉干的销量一直稳居上海市第一，而它生产的芦笋罐头已成为目前国际市场上最畅销的蔬菜罐头品种之一，烤鹅罐头也荣获上海市优质产品奖。

（三）休闲类食品的销售特色

自20世纪50年代末开始推出的金鸡牌冷饮系列制品，包括棒冰、冰淇淋和雪糕，一直和美女牌、光明牌冷饮产品在上海三分天下，鼎足而立。1970年代以后，泰康又开发了以瓜果仁为主的休闲食品系列，即把各种瓜果仁用不同的方法和辅料烤炒成色香味俱佳的小食品。如松子仁、桃子仁、小核桃仁、花生仁等，都受到消费者的喜爱。几十年来，泰康食品厂本着以开拓求生存，以创新求发展的精神，用源源不断上市的新美食制品赢得了社会信誉和经济效益。

改良创新，勇夺食品行业之冠

早在1918年，泰康的食品已遍销山东全省与京、津两埠。

凭借对上海的熟悉，出生于浙江镇的乐汝成先生深知商业繁荣与国际大都市的关联。信息、科技、人才是乐汝成先生呼风唤雨、游刃于商业的根本。从泰康公司的经营范围来看，除了罐头食品还包括饼干、糖果、肉食、鱼介、果蔬、点心、面包、果露等零兼批、产供销一体化以外，企业的关键问题是生产与销售。

总部提出改良创新，以新科学、新技术、新文化将厂区办成中国一流的食品生产工业。根据我国传统食品的要求，改良创新制饼技术，其品种按配方和制作工艺分为甜饼干、发酵饼干、夹心饼干、威化饼干四大类，分别具有奶油、水果、葱油、可可、蘑菇、香草等口味，兼以面粉、油脂、砂糖为主要原料，加入乳品、蛋白疏松剂及香料等辅料，经和面成型，焙烤制成。产品对原辅料要求相当严格，因辅料粗细度、湿面筋含量及其品质直接影响产品质量，故不同品种饼干选用湿面筋不同含量的面粉。用油要求精炼，或用氢化油脂，色显微黄或白色、无异味，有良好起酥性及较高稳定性者为合格。砂糖应该研磨达到80—100目/英寸的粉状或溶化成70%浓度的糖浆，其他如奶粉、奶油、酥松剂、香料等均有严格的质量要求。成品造型多样，花纹清晰、口感松脆、浓郁醇香、易于保存、食用方便。在诸多品种中以苏打、万年青、威化三种饼干最受欢迎，尤以苏打饼干为最。该产品色泽金黄油润，外形端正，厚薄均匀，饼面有泡点，口感酥松，不粘牙，咸度适中，具有发酵制品特有的醇香味，有奶油苏打、万年青苏打、蘑菇苏打、苔条苏打、茄汁苏打、泰康苏打等多种苏打。加上食品制造设备齐全，泰康在上海被誉为其领域第一厂。正是由于改良创新，拥有当年先进的机器生产设备，泰康食品的产品与烹调术闻名世界。

承载中华文明，展示浓郁华夏文化

我们对现存的餐饮业百年老字号企业进行了调研，分析了百年老字号企业在生产经营管理中所存在的问题，发现问题主要集中在品牌宣传、产品创新、产品价格等方面。老字号企业应该进一步提高消费者的购买欲望，并把这种购买欲望转化为真实的销售额，并采用适当的标准进行市场细分，还要利用好消费者对老字号品牌比较强的消费欲望。老字号是民族的，也是世界的，只有不断国际化，才能永葆活力。

中华老字号具有鲜明的中华民族传统文化背景，在生成、发展和维系过程中展示了中华民族的文化创造力，成为最具历史价值的金字招牌。老字号企业兼具优良质量和优质服务，坚守诚信传统并具有鲜明的经营特色，老字号是一个辉煌的称谓。它的开创和发展，蕴含了几代人的艰辛和努力，积淀着深厚的文化底蕴，为中华民族的经济发展提供了实例见证。老字号是中国的自主品牌，承载了中华文明，展示浓郁地方特色，传承独具匠心的技艺和服务，凝聚世代先辈们的心血和智慧，体现诚信经营的商业文化精髓，是民族文化传承光大的重要载体。老字号是鲜活的历史符号和载体，是历史的活化石，其兴衰变化是社会历史变迁的缩影，从老字号的发展中我们还能追寻到中国社会的变迁轨迹。老字号作为历史的载体，拥有文字无法取代的作用，并传递着传统商业智慧，保持传统技艺，以独有技艺提高民生品质，彰显美学意涵的物质遗产，所以，老字号也极具文化价值。

继往开来，立足实践发展创新

创新作为现代社会对于生产力的一大关注点，是每个产品发展中追求的目标。人们更多追求着创新，但有时过于创新会忘记本质的东西。而泰康食品能够做到在不忘初心的同时，仍旧保持着创新的精神。

泰康食品从最初的野味罐头，到如今的餐饮行业连锁，不仅在食物上有所创新，更在传承精神上有所创新。不再一味地传承食品，还传承中华文明。作为传统食品公司中创新的代表，泰康食品更加注重实践，在实践中创新。老字号作为传统文化的一大品牌类型，如今很多发展举步维艰，老字号是中国传统文化和传统工艺的传承者，在如今日新月异的时代越来越容易被忘记，也越来越容易被淘汰。而泰康食品没有停止传承的步伐，在老字号的基础上，实践创新，不仅令泰康的发展前景一片光明，而且为如今难以发展的老字号做出了传承与创新的新榜样。

三　阳　盛

——有温度的干货

寻访人员：周　锐　游小珊　宣碧莹

指导老师：梁　爽

中华老字号，百年三阳盛

上海三阳盛食品有限公司前身是三阳盛南货店，创始于1928年。当时有一位苏州人与人合伙在石门一路113号开设该店。该店为二开间铺店，面积80平方米。商店专营绍帮南北货商品，名噪一时。后由于缺少周转资金，不得已于次年转售于崇明人氏启明等6人经营。于1929年10月23日重新开张，仍主营南北货商品。后取名三阳盛，意为三阳开泰，长盛不衰。商店特设干果盆景预订业务，由店内能工巧匠夏芝茂等人制作出婚寿喜庆和小孩满岁、周岁用的各种干果盆景，一字一盆，四盒一组，合为一句口彩，在业内小有名气。后因历史变迁原因，三阳盛曾一度失去它的特色，但在袁伦本的努力下，三阳盛不仅逐步恢复了传统的经营特色，更是推出了“龙凤呈祥”“福禄寿禧”等套装干果盆景，成为人们做寿、乔迁的送礼佳品。1999年公司在继承和发扬传统经营特色的同时，又着力突出了南北货、休闲旅游、食品礼品三大系列商品，经济效益逐年稳步提高。

在近百年的历程中，“三阳盛”始终以特色经营，一流的服务和良好的经济效益为消费者所认可，成为远近闻名的老店名店。公司先后被评为“全国商业信誉企业”“全国执行物价计量政策规范优秀单位”“全国百城万店无假货示范店”“上海市劳动模范集体”，蝉联11届上海市文明单位称号，共获得全国市区荣誉奖牌159块。1999年在中华老字号首发仪式上被中华人民共和国贸易部授予“中华老字号”称号，2004年“三阳盛”被评为上海市著名商标。

八十载风雨洗礼，三阳盛经久不衰

1951年施启明作为店方负责人对三阳盛财产进行了重估，改名三阳盛南货号，经营范围扩大到糖果、罐头、火腿。1958年公私合营后，“三阳盛”归国家所有，恢复店名为“三阳盛南货店”。1970年代末，经装修改造后的“三阳盛”，店内宫灯高挂，石柜台上货架镶着一层硬木，镶花嵌玉，雕梁画栋，不仅店堂格调上较过去更显古朴典雅，渗透着深深的文化底蕴，在当时的南北货行业中也是别具一格。电影《上海的早晨》，电视剧《筱丹桂之死》中许多镜头都是在此拍摄的。1985年5月，在荷兰举办的民间工艺品展览会上，由“三阳盛”精心制作，造型奇巧的“福禄寿喜”三星干果盆景博得了观众的一致好评。

一位年逾古稀的老台胞王传声与老伴看到香港《文汇报》上登载的上海有家三阳盛南货店可以定制干果盆景的消息，一起专程由台来沪，按图索骥地找到石门一路上这家商店。老经理袁伦本热情地接待了他们，问明情况后，方知这位老台胞欲赴宁波乡下为90岁老母亲做佛事，须定制4盆“松柏常青”的干果盆景，现在上海作短暂停留，最好越快越好。老经理一口应允，约定3天交货。接收定制任务后，袁伦本当即和徒弟精选红枣、莲子、桂圆等原材料并配置了糯米糕连夜制作起来，一直做到深夜才完成。次日上午，商店通知王老先生提前来店取货，他兴高采烈地走进店堂，只见4盆分别用红枣、桂圆、莲子、核桃、荔枝等砌成尺余高，呈宝塔状干果盆景工艺品鲜艳夺目，就这样呈现在眼前。他仔细观察后惊叹不已，连连点头称是，并操着闽南口音说:“盆景既有现代色彩，又富有传统风格，很好，很好，满意、满意。”

2009年，为迎接世博盛会，静安寺地区的商业网点进行调整改造，三阳盛南京西路店从南京西路华山路口迁往乌鲁木齐北路口，营业面积只有原址的三分之一，仅150平方米，市口也相对不利。在这一劣势下，南京西路店全体员工团结协作，想方设法搞活经营。场地有限，他们就合理设置柜台陈列商品；仓库不够，他们就到500米开外的地方来回搬运；客流稀少，他们就早开门晚打烊。为顾客提供免费磨桃仁、敲核桃、斩火腿等便民服务，受到了顾客的喜爱。每年冬至前后，桃仁芝麻粉柜台前更是时常排起长队。

三阳盛历来以质量和服务而闻名，涌现出袁伦本、侯文兰等上海市劳动模范和上海市十大服务明星。在激烈的市场竞争下，三阳盛员工苦练“内功”，提升服务质量，延续了老字号“三阳盛”的品牌效益，赢得消费者青睐，为老字号品牌增光添彩。

胸蕴儒商，心系顾客

在大众的眼中三阳盛一直保持着久负盛名，经久不衰，驰名沪上的光辉形象。他们深知企业责任之重，保障品质，周到服务，想顾客所想，急顾客所急。这些举措不仅塑造了自身良好的企业形象，也是对企业发展的负责，对顾客的负责，维护着这份光辉形象。在商品出售前，三阳盛始终坚持对胡桃和枣子拣去破壳，破头枣皮，把虾米、海蜓、木耳、香菇的碎屑筛掉，经过挑选分档，细心地将商品分为几个等级，分成几种规格，按照货物品质进行定价，上柜供应，以满足不同层次顾客的需求。年深日久，这一商业习惯逐渐形成了一种他们的特色。曾采访过的一位阿姨，她表示自己一直在三阳盛里购买火腿，一买就是好多年。说起缘由，她觉得一是老品牌，口碑不错，买来心里安心；二是货品的品质很好，火腿肉质很棒；三是三阳盛的服务态度很好，很热情很真诚。在服务方面，三阳盛不仅热情周到，还特别用心，针对糖尿病病人，他们准备了无糖食品，不仅可口，还十分健康，让病人也能从生活食物中获得慰藉和愉悦。细节决定成败，三阳盛有今天的成绩，这份对顾客负责、对自身负责的理念于细微处依然可见。或许正是这无微不至的细节给顾客留下了深刻印象，这份担当与责任使得三阳盛成为上海一代人心中最可靠的企业。“爱人者，人恒爱之”，对顾客尽心，顾客也会铭记在心，口口相传，让三阳盛在信息爆炸的时代依然盛名常在，颇有处江湖之远，而名留江湖的意味。

“冰冻三尺非一日之寒，滴水石穿非一日之功”，时至今日，三阳盛始终能够维持，并逐渐发展至现今的庞大企业，非一蹴而就，而是持之以恒的努力与付出，坚持与守护的结果。在销售中，始终坚持“买卖公平、日新唯良”的态度；在经营过程中，始终坚持“货真价实取悦于民，诚实服务取誉于民、称准量足取信于民”的儒商责任感。三阳盛为人民服务，为顾客服务，担起社会责任，为人们的日常生活增添精彩，担起经济责任，丰富人们的物质生活同时，创造价值，为经济发展助力，促进行业和商业的发展。三阳盛在经营过程中，遵纪守法，带头诚信经营，合法经营，带动企业员工、企业所在社区共同遵纪守法、共建法治社会，起到了榜样作用，引领行业良好风尚。三阳盛严格把住“五关”，实行“四道”检验，使每种商品的质量得到有力的保障。三阳盛的每位职工都有种觉悟，他们说:“在当前市场上假冒伪劣的商品屡禁不止的情况下，我们更加有责任把好商品质量关，宁愿我们麻烦千遍，不让顾客吃亏半点。”他们将这一信念和做法落到实处，企业的责任便成了每个员工的责任，每个员工的理念便是企业的理念，这种责任感与使命感让一个企业绿树常青，让人们喜爱与称赞。

企业责任是什么？三阳盛告诉我们，让员工自豪有信心，让顾客信任放宽心，让社会和谐有爱心。一个企业的信念，在每个员工身上得以体现。每个员工把三阳盛当成自己的事业，才会用心去维护，才有信心有底气向每一位顾客承诺。信任是一架名为“心桥”的桥梁，连通着顾客与企业，企业有担当有责任，才会让这座桥梁更为坚固。企业责任不是宣传口号，而是每一环节，每一个细节中的体现，是每一个普通员工的文化认同与责任担当。不忘初心，方能勇往前行。

三阳开泰，枝茂叶盛

为了探究三阳盛南货店为人们所信任的原因，我们小组来到了三阳盛南货店的南京西路店。门口招牌上的“三阳盛”三个字充满了中国古代韵味，熠熠生辉。走进店，店内宫灯高挂，雕梁画栋；大理石柜台晶莹剔透，木制货架镶花嵌玉，使商店更显古朴典雅，别具一格。一排排商品琳琅满目，除了食物，最多的还有穿着蓝色制服的售货员，像守护者似的，站在分类商品的后面，为客人提供服务。大概是客户年龄偏大的原因，售货员大多为中年女性，态度十分和蔼，让商店的怀旧气氛越加浓厚。

我们看到的是三阳盛百年特色食品——南北干货，种类繁多，有桂圆、红枣、八仙果、核桃、木耳……大多数都是有益健康的传统食品。店内的服务阿姨十分热情地给我们介绍了他们这儿受欢迎的八仙果、陈皮，我们小组试吃了一点，清凉的感觉顺着嗓子流下，瞬时鼻口畅通。每一份干货都十分诱人，代表着健康，也代表着中国人特有的喜庆与安康，让人想起过年时的喜悦，以及和家人团聚时的幸福。顺着通道往下走，我们发现了一排排无糖食品。店员介绍这些无糖的饼干、糕点、巧克力等，糖尿病患者可以尝试，并且深受老人、年轻人的喜爱。三阳盛的服务真是细心备至，考虑如此周到，难怪可以门庭若市。在寻访的过程中，我们觉得三阳盛很用心，这不仅体现在他们的产品上，还有在店员的服务上。

我们相信在未来的日子里，我们会把这里推荐给朋友和家人，因为这里始终贯穿着健康饮食的传统，每一种食材，都是中国老一辈的记忆。当前由于上海经济的飞速发展，这样的老店越来越少，店铺面积也越来越小。纵然店家很有想法地将店铺设计成走廊式的，可是也改变不了他们越来越艰难的处境。三阳盛食品有限公司的推广并不多，其公司首页上也并没有太多的介绍，对于非本地的人来说，想要知道这么一家店，着实有些困难。纵然三阳盛在2005年销售名列全市同行业前列，可是这之后，公司没有任何新的项目，也没有跟上时代发展的潮流，抓住互联网的机遇，进行宣传与营销，或者开售网店拓展业务。除了老一辈的人知晓它，越来越多的年轻人对它知之甚少，毕竟酒香有时会怕巷子深，在当前的眼球经济形势前，宣传和营销还是比较重要的，像三阳盛这样品质良好的货品若加上得当的宣传，定能够让老字号的名气更加响亮。另外，在上海本土，同类的店较多，其中也有许多专营特产的店家。三阳盛不重视宣传，可能导致顾客的流失，虽然身处繁华市区，但具体地址却略显偏僻，若不是有心寻找，怕是有很多人会错过这家老字号。

三阳盛一直传承着老一辈对品质的追求，对顾客负责的精神文化，坚持诚心经营，用心服务的理念。这份对传统的责任，对顾客的责任，让三阳盛一路走到今天。我们多么希望三阳盛可以紧随时代发展，让更多的人可以得益于它的品质，它的细心，尝到正宗而健康的南北干货。让老人们“口口相传”的三阳盛，不是成为老一辈人的记忆，而应该成为我们上海的一种文化，让青年人继续传递下去，成为大家的共同记忆。三阳盛的“买卖公平，日新唯良”的经营理念，要求我们要诚信做人，用心做事，有责任有担当。其实，做企业如做人，心口一致，言行统一，你若盛开，清风徐来。

上海采芝斋

——实体老店+电商平台探访记

采采山上芝，滴滴松间雨

采芝斋是中国老字号糖果店，全称苏州采芝斋糖果店。位于江苏苏州市观前街，在上海等地设有分店。建于19世纪末，素以品种繁多、风味独特的苏式糖果而闻名中外。采芝斋自产自销的糖果上百种。主要有各式松子软糖、乌梅饼、九制陈皮、沉香橄榄等。其特色是选料讲究、加工精细、营养丰富、甜香可口，既有中国传统糖果的特色，又吸取西式糖果的长处，自成一格。糖果内的某些原料，不仅好吃，且具有滋养补益作用，寓药理于甘美食品之中。

上海采芝斋食品有限公司传承了采芝斋的传统做法，扩大经营范围。一般遇到咳嗽、气喘吃些“采芝斋”的椒盐杏仁、白糖杏仁、薄荷粽子糖，可以止咳、化痰，小孩肚里有虫，椒盐榧子有杀虫之功效，久而久之以此作为消遣之食，也有人用此养生治病。上海采芝斋食品有限公司总部位于交通便利的上海市浦东新区川沙新镇鹿吉路91–7号。

上海采芝斋食品有限公司目前拥有“采芝斋”糖果、炒货、肉脯类等商标所有权，主要生产松仁粽子糖、苏式软糖等采芝斋传统小吃。

千磨万击还坚劲，任尔东西南北风

清同治九年（1870年），采芝斋创始人金荫芝（河南人），以五百个铜板的微薄资本，购置了熬糖炉子、小铜锅、青石台、剪刀等简陋工具和少量的糖果原辅料，在观前街73号原吴世兴茶叶店门口设摊。开始，只卖粽子糖，摊上搁一块“家住玄都东洙泗巷口小糖摊”的牌子，当众熬糖、剪糖。因剪出的糖块形似粽子，故名粽子糖。传说这种制糖技术源于《吴门表隐》所载明末的谢云山，故又称“谢家糖”。

这现做现卖一文钱两只的粽子糖，因其味道独特，做工也细，竟然远近闻名。金荫芝父子乘势扩张，增加糖果品种，又新增了炒货、蜜饯，每样产品都力求与众不同。14年后，创下了“采芝斋”金字招牌。这里的贝母糖因慈禧太后大加赞赏而成为“贡糖”。由于注重果品的药疗作用，采芝斋又获得了“半爿药材店”的美称。

1985年之前，采芝斋生意都比较红火。多种产品被评为江苏省、国家商业部优质产品。然而，由于盲目扩大规模，1986年和1987年，它被上级要求接纳处于亏损状态的苏州糕点三厂和苏州食品饮料厂，员工增加195名。虽然3个厂合并之后仍然以生产采芝斋原有产品为主，但新增加的职工多数没有生产苏式糖果的技能，导致产品质量下降。其次，由于市场放开，采芝斋的传统产品被同类企业大量仿制，采芝斋原来依靠国家扶持确立的垄断地位受到严重冲击，市场占有率逐年下降。当时，采芝斋采取了错误的对策——“别人生产我们的产品，我们也生产别人的产品。”看到西式面包、奶油蛋糕、小点心好卖，就一窝蜂跟着做，结果就像邯郸学步，学他人的无所得，而自己的特色也所剩无几，产品更加滞销。以至于后来，干脆基本上放弃自产自销的传统方式，几乎变成一家主要经营别人商品的“纯商店”，采芝斋命运岌岌可危。

1997年，储敏慧就任苏州采芝斋苏式糖果厂厂长之时，迎接他的是一派衰败景象：店堂里冷冷清清，店中的商品毫无特色，标着“采芝斋”的食品可以在任何一家超市、大卖场买到，许多员工无事可干，每天只上一两个小时的班，其余时间就跑去为个体老板打工。经过对采芝斋自身历史的研究和对市场的深入调查，他发现，采芝斋关键的失误，就是丢掉了自己的独特优势。一家百年老店，必有特殊优点，有深厚的市场基础，珍惜品牌，胜过打广告。采芝斋不仅具有一批精通技艺的老师傅，更有大量保存完整的苏州糖果、蜜饯、炒货、咸味小食品生产的档案资料，尤其是拥有其他同类企业最为缺乏的品牌知名度，这是花再多的广告费也难以获得的无形资产。与其漫无目的地寻求占领市场的新招，不如对传统绝活进行挖掘、恢复、开发、创新。于是决定在产品开发上要打特色牌、文化牌、旅游牌。

为了给消费者耳目一新的形象，他们结合传统工艺和人们新的需求，首先推出了新产品“松子喜糖”。根据这种糖果的配料特征，他们在包装盒上印出了四句吉祥话：“松子万年代代传，芝麻开花节节高，花生落地长生果，核桃和合百年好。”糖果本身香甜可口，加上“松子”又与“送子”谐音，符合民间对“喜糖”的特殊要求，于是一炮打响。

经过7年发展，采芝斋的特色产品在市场上重现辉煌，现在采芝斋产品已有300多个品种，1 000多种包装。最主要的原因就是：定位准了，发展就顺。采芝斋在找回特色的同时，获得了更快的发展。

沉舟侧畔千帆过，病树前头万木春

说到上海采芝斋，不得不提它的源头苏州采芝斋。与上海的采芝斋相比，苏州采芝斋的店面装潢更加古色古香，粉墙黛瓦，灯彩流光；而且店面更大，里面的商品种类也更加丰富。由于这家店开在市中心，顾客络绎不绝，店员人数也更多。里面许多商品的包装与种类也与上海采芝斋有所差异，更加贴近老苏州的口味，体现了一定的地域差异。

虽然采芝斋经历过颓败，但是由于保留特色及创新管理，采芝斋又重新走向辉煌。百年老字号的招牌在浮世中依旧鲜活。

在临近春节之时，“中华老字号”苏州采芝斋，人们排起长队，大包小包地买下现做的各式酥糖、蛋黄花生。近年来，在党和政府的高度重视下，在全社会保护、传承优秀传统文化氛围的带动下，在消费升级换代的推动下，老字号从供给侧出发，在研究、恢复、传承传统手工技艺的基础上，不断挖掘文化韵味，以产品为载体，加入创意、设计元素，引入电商渠道，在跨界、融合中坚持弘扬传统节日文化，成就了食品文化活态传承的一派“新景象”。在民以食为天的中国，老字号经营的传统吃食在能饱口福的同时，也承载着相当的文化意味，对这些文化意味的挖掘不仅体现了老字号的传承担当，更是百年老店对企业价值和责任的坚守。

百余年历史的采芝斋主打苏式糖果。作为苏式年货必不可少的组成部分，采芝斋今年干脆办起了“年货节”，采芝斋董事长储敏慧介绍，销售的火爆与采芝斋不断传承古法技艺、恢复挖掘传统产品和开发新产品是分不开的，与此同时，苏式园林式的购物环境，以及带有苏州历史文化特色的产品包装设计等也功不可没。更值得高兴的是，老字号的努力得到了消费者的高度认可。在收入提高、消费升级换代的今天，富有文化韵味的传统吃食满足了消费者对美好生活的更高需求，也在潜移默化中传递着传统节日的文化价值，为消费者带来属于自己的年味。对于老字号来说，无处不在的文化创意和设计服务也已经成为助力其“讲情怀”，进而弘扬传统节日文化的利器。

采芝斋的拳头产品贝母贡糖的包装设计很有特点，在金黄色的外包装袋上印上老佛爷头像及贡糖来历的说明文字，独具匠心的设计受到消费者青睐。此外，采芝斋的礼盒包装也大多采用苏州传统特色文化元素，如丝绸、苏州工艺元素等进行设计，典雅美观，很有文化品位。比如，与苏州桃花坞木刻年画博物馆合作，用苏州桃花坞木刻年画的“福”字做成礼盒外包装，不仅推广了苏式糖果，也使濒临失传的苏州木刻年画通过采芝斋礼盒产品的平台更好地走进了千家万户。在文化、创意、设计无处不在的今天，人们欣喜地发现老字号与消费者正相向而行，传统与现代就此交融，成为文化传承的生动载体，不断讲述着老字号的新生意经。

对于品牌的重塑和管理，使得采芝斋重新焕发青春，随着国家和社会发展，人们文化和精神上的需求日益强烈，采芝斋将老字号与文化创意结合到一起，是一种特色与创新形式，让百年老字号这个金字招牌更加熠熠生辉。

百年老店，如琢如磨

我们通过资料搜集，了解到了一个为了生存、发展，不断创新、紧跟时代潮流的采芝斋老字号形象。使采芝斋存活下来的不只是采芝斋食品的独特口感，更是采芝斋结合现代人的需求，增加产品种类、用途，结合电商销售，使得采芝斋百年不倒。父辈们对于采芝斋十分熟悉，但是我们若不是做实践活动，可能对于它的名字会很陌生。我们觉得采芝斋可以更关注创新，争取到年轻人的关注，未来的生存和发展，年轻人将会是主要的力量。

近年来，电子商务的迅猛发展，使得这一新兴产业成为带动老字号发展前进的一大动力。我们选取了淘宝平台上的采芝斋旗舰店，通过对产品的销量、产地、消费者评价等方面进行考察，对采芝斋有了更为全面的了解。平台上大部分采芝斋的商品月销量均为数百，并且有些产品的销量甚至已经过千，而这些产品的产地大多是苏州。通过对消费者评价的分析，我们也更为直观地了解到这家百年老字号有着良好的口碑，以及一大批忠实的食客。

采芝斋实际上是一家糖果店，产品本身毫无优势，既非“主食”，也非“副食”，而是“零食”。在人们的饮食口味、消费理念发生明显变化，洋品牌充斥国内食品市场的情况下，采芝斋能够顽强生存已经很不容易。但它还能在激烈的市场竞争中脱颖而出，成为苏州老字号中的“老大”，真可算是奇迹了。在艰难挣扎的老字号中，采芝斋历经风雨仍巍然屹立在市场经济的风口浪尖，它的成功离不开商家的改革创新，也得益于管理者们为百年品牌注入的文化元素。

当然，尽管采芝斋对品牌文化的建设在苏州老字号中走在了前头，在打造以“秀慧、细腻、柔和、智巧、素雅”为特征的苏州传统文化的品牌形象方面取得了显著成就，但还存在不足之处。一是品牌文化理念不够突出，包括经营哲学、企业精神、价值观念、行为准则等，而这些恰恰就是品牌文化的核心内容，是品牌文化建设的最高阶段。二是品牌文化宣传力度不够，缺乏像诺基亚的“科技以人为本”、海尔的“真诚到永远”、孔府家酒的“孔府家酒，叫人想家”等立意清晰、富有人文思想的广告语。相信通过企业的不断探索和努力，采芝斋这一具有丰富文化内涵的品牌一定会家喻户晓、深入人心。

在实践过后，我们开始关注到上海老字号的生存现状。在日新月异的现代社会，身处其中的老字号如何更加贴近现代人的需求，走进年轻群体之中，恐怕是如今众多老字号的经营者应该花时间深思的问题。作为年轻一代，我们有责任肩负起传承老字号的使命，将这类文化产品发扬光大。我们真心希望老字号的文化与精神可以一直传递下去，为更多的同学和小朋友所知晓，把这老味道留住，把这些老字号的成长故事传唱，激励更多的人前行。

利　男　居

——秀色传百载，诚信留芳名

寻访人员： 陈新立　马　蕊　姜怡庆

指导老师： 梁　爽

秀色掩今古，百年利男居

利男居是上海广式糕点行业中创业较早的一家专业工厂，创始人为广东中山人钟安樵先生，利男居于1902年在南京路盆汤弄开设，迄今已有100多年历史。在当时的广东有这样的风俗，嫁女时要定做大量的龙凤礼饼馈赠亲友，为迎合人们多子多孙的心理，取名为“利男”。凡上海讲究老规矩的人家，适逢有小辈婚嫁，总忘不了叮嘱去利男居购买龙凤礼饼馈赠亲友，主要目的是为了讨个好口彩。吃了礼饼，生个男孩，加上店名吉利，又有送货上门的服务，在当时上海的广东同乡遇到婚嫁需要礼饼糕点，十之八九是在利男居购买的。1920年，因房屋纠纷，该店迁往日租界的天潼路，后又迁往四川北路邢家桥营业，改称“利男居”。

1937年“八一三”淞沪战争爆发，日军进入日租界，商店被迫迁往英租界的浙江路宁波路口营业。当时的“利男居”一年四季随着时令上市各种点心，品种齐全，质量讲究。利男居在上海广式茶食业中首屈一指，与“同芳居”“怡珍居”“群芳居”齐名，号称广式茶点“四大居”。由于“利男居”经营得法，名气渐盛。

1992年利男居引入外资的同时引进了日本、台湾先进的现代化流水线生产设备和技术力量，将大陆传统的月饼文化和港台新潮月饼文化有机融合，赋予传统月饼以新样，经过多年的市场磨炼，形成了规范的、严密的、科学的服务体系。

百年梦回，意韵流传

“利男居”在成长过程中，根据茶食糕点消费的特点，从麻球到油炸春卷，从端午粽子到重阳糕，从中秋月饼到香肠大包，无所不有，而它所产的椰子糖，质量讲究，更是独步春申。良好的经营方式，使得利男居名气逐渐增长。在1992年，利男居将大陆传统的月饼文化和港台新潮月饼文化合二为一，让传统月饼有了独特、全新、纯真的口味。另一方面，经过历史的演变，月饼的内涵丰富了，身份提高了，它已不单单是一种食品，而是一种“文化”的象征。吃月饼，实际吃的是一种文化、一种气氛、一种情感。在兴起的月饼文化下，“利男居”广式月饼，尤以其用料考究、制作精致、花色繁多、色泽匀称而著称。随着近些年人们生活水平的提高和商品竞争的激化，为迎合人们对于包装外观的审美需求，“利男居”推出了多款意蕴深厚、包装精美的礼盒。其中，以“月”字命名的几款中秋礼盒不仅别具一格，更令人赏心悦目。

20世纪40年代起，“利男居”除保持礼饼糕点生产外，又增加著名的挂炉烤鸭、叉烧、香肠等广式烧腊和中外的西关馄饨等多种食品，1919年后，“利男居”生产的品种有了更大发展，共有300多种，品牌产品有全蛋萨其马、鸡仔饼、小凤饼、椰芸杏仁饼、奶油椰芸酥等。1956年在德国莱比锡博览会上，小凤饼深受好评。而全蛋萨其马1983年和1988年两度被评为商业部优质产品。

2008年，位于鹿园工业区标准四层楼厂房顺利投产，同时，研发中心成立和物流配送中心成立。物流配送中心致力于把象征着团圆的福音带至中国各地，为广大的消费者及合作伙伴提供优良的服务。

现在的上海利男居食品总厂是一家集生产、销售为一体的具有现代企业制度的企业。利男居目前已拥有月饼、糕点等类别的产品多达百余种。公司的销售网络遍布全国，上海各大超市及传统店铺都有利男居产品的踪迹。利男居秉承“质量是生命，管理出效益”的经营理念，将“安全卫生放第一、注重质量讲诚信、满足顾客所需求、不断开拓搞创新”作为企业的服务宗旨，以“求真务实、开拓进取”为企业精神，积极努力，不断进取。

从1902年至今，利男居经过了一百年历史长河的淘洗，从曾经的广式茶点“四大居”之一到现在上海的“百年老字号”之一，利男居对味道的不断改进，使他一直以来都是旅客来沪必买的特色产品之一。此外，随着时代的发展，现如今的“利男居”也开始通过加盟入驻的方式拓展业务，借用采芝斋、锦绣尚品等品牌销售其名下所生产的各种商品，至今已取得了不菲的业绩。

信守不渝，季路一言

诚信是深深扎根于我们骨血的品质，早在春秋时期孔子便说过："言必行，行必果。"鲁迅也说过："诚信是人之本。"对于我们自身来说，诚信是必不可少的，那么对于一个企业来说，诚信便是基石，是企业发展必不可少的一项条件。而利男居作为上海一家百年老店，其发展与传承之中，诚信是他们的安身立命的根本。

"百年老字号"利男居始终把"安全卫生放第一，注重质量讲诚信，满足顾客需求，不断开拓创新"作为企业的宗旨，在物质文明高度发展的现代，能够坚守住内心的平静，内心的追求，实属不易。将诚信作为企业的核心宗旨，并且一以贯之于方方面面。善始者繁多，然克终者盖寡。许多企业在起步阶段，或者企业的发展阶段，可能会遵守诚信这一原则，但随着企业规模的扩大，业务增多，尤其企业在比较成熟的时候，能够始终坚持诚信这一原则的可能就会少很多了。《诗经・大雅・荡》里曾有一句话："靡不有初，鲜克有终。"良好的开头许多人都能做到，但真正可以把一件事做好做精做完整的人几乎没有。而利男居却始终保持自己的初心，坚守自己的宗旨，努力守卫着自己心中的那方净土，使之不被欲望与贪婪所腐蚀。选用上好的原材料，经过完整而精密的加工过程，利男居对自己质量的信任，对自己品质的自信，这种信心来源于他们的诚信做事，诚信经商。质量过硬，商品质量便是最好的广告，也是因为这样他们才能在现今如此激烈的商场立足，才能将自己的企业做大做强。

诚信不仅仅是对品质的追求，更是对顾客承诺的履行，对自己的问心无愧。利男居一直以"求真务实，开拓进取"为企业精神。“求真务实”反映出他们诚实守信的品质，这种精神注入企业的管理和经营过程中，让顾客放心，让顾客满意。由此，他们有底气与“同芳居”“怡珍居”“群芳居”齐名，并称“四大居”，甚至脱颖而出。因为诚信，在业界和顾客心中树立了良好企业形象，让他们在上海人的心中有一席之地，成为上海人心中馈赠亲友的佳礼。

让利男居走到现在的并不仅仅只有诚信，也有它与时俱进的理念，它随着时代的发展开始通过加盟入驻的方式拓展业务。借用采芝斋、锦绣商品等品牌销售，其名下所生产的商品也取得了不菲的业绩，将它们诚信经营的理念发扬。

诚信，是品牌得以树立之根源。中秋节吃月饼，是我国人民的传统习俗，而上海制作月饼的历史很久。早在清朝上海南汇杨光辅在《淞南乐府》中记载:“淞南好，时物荐秋香。月饼饱装桃肉馅；雪糕甜彻蔗糖霜，新谷渐登场。”上海市内的月饼有风苏、广、京、宁款式，应有尽有，多姿多彩。“利男居”制作广式月饼是在19世纪初，用料考究、制作精致、花色繁多、色泽匀称而称誉上海，成为该店一个看家食品。而时过一个世纪之久，“利男居”广式中秋月饼依然多次被原商业部评为优质产品，至今已连续十二年被中国焙烤食品糖制品工业协会及中国月饼节组委会评为名牌月饼，同时荣获月饼比赛制作金奖，已成为上海市优质产品。2002年被授予“全国放心月饼金牌企业”荣誉称号。这些荣誉是对利男居的诚信经营最大的肯定。

香飘南北，情传天下

在我们实地走访的过程中我们发现利男居之所以能发展百

年，不仅依靠的是它与时俱进的思想更是它的诚信和那份对顾客的真诚。它的每一份月饼中都蕴含着他们对顾客的诚意，每一份月饼中都有一份深藏的意蕴。仅仅只是从包装上便可看出他们的诚意，而天然上乘的原材料更是显示出了他们的诚信。在走访的过程中我们更是感觉到了他们那份“取之社会，回报社会”的宗旨。企业内的每一位员工都在用心地制作每一份产品，让我们感受到了他们对社会的承诺，也感受到了他们对这份承诺的遵守。

在浩瀚的历史海洋中，有多少企业如那绚烂的烟花一般精彩却短暂，如那天空划过的流星，在所有人的期待中登场，最后却只能黯然收场。不可否认他们那一刻是夺目的，但还是未能坚持到最后。而临安聚则如一只急速的雄鹰划破长空，并在空中不断地盘旋，似永不会下坠一般，那么是什么支撑着他呢？正是他们所一直坚守的诚信，是它托举着利男居这只雄鹰，不断地高飞，在空中盘旋。有许许多多的企业都想知道像利男居这样的百年老字号是怎样做到百年屹立不倒的，其实很简单，就是要坚守诚信这一原则，但知易行难，真正要做到不是件容易的事情。

曾经多少故事在历史的洪流之中发生，但到头来只是落得个岁月沧桑的嘲弄，多少企业想在历史中稳住脚步，在企业的竞争中站稳脚跟。但都以失败告终。在这百舸争流的商场之中一个不小心便是翻船，唯有那些保持自己诚信、不忘初心的企业们才能驶得万年船、逆流而上，最终到达终点。只有企业诚信了，顾客才能信任它，它的口碑才能建立起来，才能在历史的洪流中立足。要记住人们永远不会记得安然时的你，只会记得光彩夺目时的你。正如人永远看不见天边那颗最暗的星，只会记得那颗最耀眼夺目的星一样。而要维持自己的光彩，保护自己的羽毛，最重要的方式便是诚信，诚信可以使企业充满力量，所谓不变应万变，面对的是万变的客户，不变的是诚信之心。如此，人们才不会找到击垮你的办法，才可以长久地保持光芒，一直为人们所接纳，进而得以持续发展，如利男居那样做到百年不倒。

利男居的每一份月饼不仅仅只是精美的包装、软糯的口感，更蕴含着利男居对顾客们的承诺，蕴含着对社会的回报。正如利男居的宗旨一样，“取之社会，回报社会”，这也是我们这次实地走访收获最大的东西。这次的实地走访让我们了解到了诚信对一个企业的发展是多么的重要，了解到了一个百年的企业唯有坚守着诚信才能做大做强，持续发展。而对于我们自身也是一样，诚信是我们必不可少的品德，唯有坚持诚信我们才能够立足于这个社会，能够在这个社会上有一席之地。

我们学校以商立校，经商就是做人，诚信是商业中的黄金原则。诚信不仅能够为我们自己带来利益，还能为自己带来良好的口碑，让自己得以从竞争对手中脱颖而出。企业的生存依赖于市场，市场依赖于顾客的选择，诚信做人、诚信做事才会得到人们的认可与信任。对于我们学生来说，最重要的就是诚信去面对每一件事情，诚信考试，在生活中遵守承诺，信守诺言，这些都是诚信的做法。让诚信成为自己最好的名片与介绍人。

上海悦来芳食品有限公司

——虽百年不衰，何以继未来

寻访人员：张照青　张辛逸　尹方正

指导老师：于振杰

几经变迁改革，小铺终成名店

“悦来芳”创立于1926年上海浦西劳勃生路（今长寿路），创立人为陈善卿。起初，长寿路地处繁华街道，公司林立，来往行人络绎不绝，适合建立食品经营企业。1932年，改名“悦来芳茶食粮果号”并扩大生产规模。1946年店名改为“悦来芳泰记”。1956年公私合营后，正式改名为“悦来芳食品店”。

1993年，“悦来芳”因其悠久历史和传统制糕点技术正式挂牌“中华老字号”，“悦来芳”苏式鲜肉月饼、“悦来芳”京式翻毛月饼、“悦来芳”青团、“悦来芳”熏鱼是其特色产品。

传承百年老店，创造崭新未来

起初，上海悦来芳食品有限公司只是一家小小的食品店，并且出售的食品很有限，主要零售一些糖果、糕点、速冻食品、茶叶等，产品一般面向店面周边的老百姓。陈梅芳将其更名为“悦来芳泰记”，赋予悦来芳新的内涵和宗旨——诚信经营，生产优质食品。新中国成立后不久，国内掀起公私合营的热潮，悦来芳顺应时代，更名为“悦来芳食品店”。

根据时代需求和消费结构的变化，悦来芳适时调整生产和经营结构，从仅售国内日常休闲食品，到引进国外各类糕点、蜜饯、罐头及营养品，品种达1 000余个。根据时令变化，生产不同的甜品糕点，它满足了新老顾客不同的消费需求是悦来芳的一大特色。悦来芳的特色食品当数他们生产的鲜肉月饼。“悦来芳”鲜肉月饼现产现销，制作过程公开透明，食品安全有保证。悦来芳鲜肉月饼选用新鲜猪肉，在传统工艺烘焙下出炉，皮脆肉韧，咸甜适中，没有传统印象中猪肉的油腻感，清香爽口，外皮还印有“悦来芳”等字样。悦来芳以良好的企业形象及经营质量，历经近百年的岁月，盛名不衰。2011年，悦来芳月饼被授予“百年老字号”荣誉称号。

紧跟时代发展，再拾童年时光

从选址考察开始，组员们尝试寻找“悦来芳”官方网站却以失败告终，最后还是通过第三方网站才得知店铺的具体位置。在这个数字化时代，单一的门店直销已经不能满足广大消费者需求，无法适应电子商务销售模式成为“中华老字号”品牌必须克服的难题。再者，作为一家以零售为主的老字号品牌，“悦来芳”品牌在口味的创新方面还有很长的路要走。杏花楼曾在清明节前推出“肉松咸蛋黄青团”，一石激起千层浪，现在南京路步行街总是人满为患，越来越多的年轻人开始加入消费老字号的行列中。同为老字号的食品品牌“悦来芳”也需推陈出新。随着消费者的年龄变化，口味也在发生改变，只要用心创造新颖的产品去贴合年轻消费者，转变原有的思维模式，不是思考顾客需要什么，企业就怎么做，而是思考企业做什么能够满足顾客，化被动为主动。在时代与时代的更迭中，百年老店想要与当下的时代接轨，需要克服更多困难，这种困难是由企业基因决定的。我们如何定义“鲜肉月饼”，是中秋时节餐桌上的传统糕点？还是天天都能被消费者接受的小食？哪一种销售理念收益更大，就选择哪一种。中秋节前夕，可以选择大量生产传统鲜肉月饼，这是老百姓的刚性需求；非传统节日，可以研发牛肉月饼、鸡肉月饼，甚至北京烤鸭味月饼来博得互联网流量。可能每一种尝试的收获只是昙花一现，但这也意味着传统企业能够跳出相对稳定的思维方式，寻找新时代的契机。

在革新的同时，“中华老字号”也要保留“老味道”。在物质并不丰富的年代，上烘焙坊买上一兜传统糕点已是全家难得奢侈的享受，一条弄堂的孩子们总得掐一口尝个鲜，一片仍挂有余温的蝴蝶酥捧在手心也能嘬上许久。“中华老字号”不仅仅代表传统美食文化，而且成为邻里间亲密的纽带。不妨尝试还原老一辈童年的记忆，效仿“85℃面包房”“全家便利店”等店铺，开设供顾客歇息的场所，并借此推出茶点组合。“中华老字号”要充分利用自身优势开发产品及服务吸引本属于他们的消费者群体，在此基础上再推陈出新吸引更多消费者。商务部近期发布指导意见，将“推动老字号传承与创新，提高市场竞争力”作为重点任务，“鼓励老字号在保护和传承优秀传统技艺的基础上，导入先进的质量管理方法，运用先进适用技术创新传统工艺，提高产品质量和工艺技术水平，并根据市场需求研发新产品，吸引新顾客，开拓新市场。”“鼓励老字号与文化创意相结合，举办体现传统文化、符合现代生活方式和消费需求的文化、购物活动。”“中华老字号”是中国非物质文化遗产的一部分，光说不练假把式，人们需要把理念付诸实践，更需要抱有传承的精神将这一理念发扬光大。作为一家国有企业，赢利的同时需要承担更多的社会责任，对“中华老字号”而言则需要发扬一种工匠精神。

困境则思日变，变则必日日新

通过本次百年老字号寻访活动，小组成员深刻认识到老字号的品牌维护是一项系统工程。在产品安全和质量日益受到重视的当下，大到老字号经营的服务意识，小到员工的穿着礼仪和场地租赁，都会从一个侧面折射出老字号的运营水准，都会从一个侧面为消费者提供了解品牌的特殊渠道。可以说，老字号的发展正更加趋向于由先前的质量取胜向质量、服务、物流、运营等各方面的综合竞争，唯有全面注重与跟进，老字号才不会在新时代商业发展的大潮中掉队。正如我们求学一样，单靠学习成绩这一项不足以成功，还必须加强人文素养、国际视野等方面的综合素质，才能更好地承担起经济匡时的重任。

通过本次百年老字号寻访活动，小组成员深刻意识到必须打造与时代同步的核心竞争力。老字号品牌的发展过程充分显示商场的变化特性与消费者的消费需求相一致。只有与消费者的消费期望相一致，老字号品牌才能找准自己的定位与发展路径。同时随着外部环境的变化，老字号的竞争力也必须随之进行换代升级，缺少了这种危机意识和竞争意识，老字号就会因缺乏竞争的活力与动力而“老”去，进而也就失去了品牌的持续发展能力。

通过本次百年老字号寻访活动，小组成员还深刻意识到保护中华非物质遗产的重要性。在调查走访中，小组成员发现“中华老字号”品牌共同存在的一个问题，就是普遍执迷于“经典”，在这个完全竞争的市场状态下，“经典”被顾客贴上了上标签，每个等第又因为价格竞争再次被排档。其中少数品牌不甘于被用户支配，推陈出新，在质量上严加把关，又不失经典韵味，力求做到最好，而部分“老字号”仍需一定的努力去摆脱“标签”的阴影。我们普通人也要重视“中华老字号”的发展，每一家“中华老字号”的陨落，背后温存的过去的记忆也将随时间消逝，也许这只是老一辈的记忆，但我们年轻人童年的回忆正是由老一辈一手构建的，所以，这份记忆值得每个人去守护。我们也衷心祝愿“中华老字号”能够蓬勃发展，为中华传统商业文化增添更多的时代元素与注脚。

产　品　篇

万 有 全

——豆子的花样传奇

寻访人员： 吴佳妍　姚媛婷　陈倩玥　宿芸洁　卫晓玲
杨　徽

指导老师： 胡　欢

花样奇多豆制品，进军市场显活力

上海万有全豆制品有限公司（上海南市豆制品厂），是上海万有全集团属下的大型豆制品生产专业公司。公司有着40多年的生产历史，产品分类上形成了豆奶、豆制品、筋粉和素食品四大系列100多个品种，产品进入本市及外省市3 000多家超市、大卖场、菜市场、商场及便利店，年销售额达到5 000多万元。

多年来，万有全集团坚持“万有全——千家万户的好伙伴”的核心经营理念和服务宗旨，秉承“求真、务实、开拓、创新”的企业精神，形成一业为主、多业并存发展的经营格局，已建成“食品加工”“生鲜食品配送”“菜市场经营管理”“轻工生产”和“多种经营”五个互相联系、相对独立的企业板块，有较强的生产和销售能力，满足市场的需求。

诚信为本，检疫认证有保障

公司产品冠名的“万有全”商标自1999年以来已连续5年被评为“上海市名牌”，2000年又被评为“上海市著名商标”。公司一贯本着“以诚为本，信誉第一”的经营理念，从制度入手，狠抓产品质量和食品安全；以人为本，大力推进诚信经营和规范服务；确立品牌优势，努力为广大消费者提供优质、卫生、可口的“万有全”牌放心豆制品。

万有全豆制品以销定产对接市场需求，形成不同时令特色豆制品的配送机制，让豆制品也吃出时令文化。为满足人们营养平衡爱吃素的需求，万有全豆制品厂不断升级换代。

2007年，万有全在奉贤建立1.2万平方米的生产厂，全套现代化生产设备，具有日投料20吨的生产能力；而如今以销定产，只需日投料17到18吨，每天生产60个品种，按不同时令调整不同时令花色品种的比例，满足上海人春节讨口彩爱吃“烤芙”、春秋爱吃酸辣汤、荠菜、咸菜豆腐汤，夏令吃咸鲜爱吃臭豆腐、吃炒酱爱用豆腐干、吃糟爱买素鸡、冬天吃火锅爱吃冻豆腐、爱吃鱼头汤用粉皮等多种需求，又确保市场全天候供应，产品对接的上海标准化菜场、超市、卖场及团购企业2 000多家。

公司产品冠名“万有全”及“三灵”商标。“三灵”牌豆奶早在1990年就成为上海豆制品行业唯一推荐参加中商部“部优产品”评选的商品。公司生产的“万有全”牌豆制品和“三灵”牌豆奶一直被评选为“上海市名牌”产品和市场畅销商品。从2002年起，上海万有全豆制品有限公司被上海市经委首批推荐为“食用农产品流通安全检测点”；被市政府认定为“上海市食用农产品安全加工示范企业”。企业和产品先后通过ISO9001：2000（质量管理体系）、HACCP（食品危害分析和关键控制点）和QS A级（国家强制性食品生产许可证）的认证。

公司生产的“万有全”牌素火腿和油面筋曾获得商业部优质产品“金鼎”奖，公司“三灵”牌豆奶曾被评为旅游商品“天马”优秀奖。公司生产的万有全豆制品系列产品2002年被评为“上海市首批推介安全食用农副产品”。公司于2002年通过HACCP认证和上海检验检疫局的出口商品许可证认证，同年又被认定为“上海市食用农产品安全加工示范企业”。1991年以来公司连续被评为“区级文明单位”。

兄弟企业齐发展，环保生产新风尚

上海万有全豆制品有限公司有着近百年专业生产豆制品的历史，多年来重视质量管理和技术培训，坚持“博采众长，独创一格”竞争战略，在新工艺开创、“名特优”产品开发等方面独树一帜，一直走在行业前列，新闻媒体曾多次报道，肯定企业为“菜篮子”工程建设所做的贡献。上海万有全豆制品有限公司，还利用自身技术和管理优势，先后帮助各兄弟省市建设了20多个豆制品厂，取得良好的社会效益和经济效益。为进一步发展豆制品生产，2006年万有全集团投入巨资在上海奉贤星火工业园区建设新豆制品生产基地，占地26亩，主厂房面积12 000多平方米。

在新基地建设中，对环境保护和食品安全保障，进行了很高的投入，使生产条件和卫生环境达到很高的等级标准：在行业中首先使用热网高压蒸气，既提高产品蛋白质浓度，又减少废气污染，取得双重的经济效益；公司配备了当今上海豆制品行业最先进的生产设备和储运车队，建有十条不锈钢生产流水线，精选无污染的东北大豆为生产原料，能同时生产豆制品、豆奶、筋粉制品和休闲素食品等四个系列100多个品种。此外，万有全还研制开发了适应旅游、各种会议及宾馆饭店需求的自立袋系列豆奶产品，实现产品的升级换代。整个生产销售环节做到：加工机械化，产品包装化，运输冷链化，确保产品卫生质量。

2004年7月，万有全集团改制为民营企业后，坚持按市、区政府的产业导向，以副食品产销为主业，以规范菜市场经营秩序为抓手，以确保食用农产品安全为目标，继续发挥副食品供应主渠道职能，为企、事业单位和消费者提供安全、放心的商品和最佳的服务，同时也真诚地欢迎社会各界惠顾、合作，共同发展。

乱世逢生，百年老店尚青春

“中华老字号”是指在长期生产经营中，沿袭和继承了中华民族优秀的文化传统，具有鲜明的地域文化特征和历史痕迹、具有独特工艺和经营特色的产品、技艺或服务，取得社会广泛认同，赢得良好商业信誉的企业名称，以及老字号产品品牌。

但根据现实数据，部分曾经驰名中外的中华老字号品牌如今早已垂垂老矣。新中国成立初期，我国老字号企业约有1万多家，涉及零售、餐饮、医药、食品、烟酒、丝绸、工艺美术和文物古玩等众多行业，以及书店、照相、美发、洗染、浴池等社区服务领域。几十年来，众多老字号企业经历了从家族企业到公私合营，再到国有企业的历程。在竞争的淘洗中，不少企业落败消失。在北京，开始有300多家老字号企业，历经多年的市场竞争，一批老字号逐渐在市场上消失。至今，北京市还在经营的老字号仅剩200多家。

那些消失的老字号企业，失败的原因多种多样：有的是经济体制、运行机制制约，与市场要求脱节；有的是在城市改造过程中失却店铺黄金地段；有的是固守农耕时代经验，难以抵挡现代技术、市场经济的冲击；有的，是人才流失、难以为继；有的，是知识产权保护不力，生生被“李鬼”击垮；有的，是盲目扩张延伸……“物竞天择，适者生存”，科技在变、社会观念在变、消费者群体在变，如果企业的产品服务不变、品牌创意不变、营销方式不变，一定有被淘汰的危险。

具有一百多年经营历史的上海万有全豆制品有限公司并未被时代淘汰，而是在不断改革、学习的过程中逐步提高自身产品质量并扩大经营范围，建成“食品加工”“生鲜食品配送”“菜市场经营管理”“轻工生产”和“多种经营”五个互相联系、相对独立的企业板块，逐步成为引领兄弟企业共同发展的“领头羊”。

作为在时代变革过程中幸存的老字号“万有全”，其成功转型的关键就在于对产品质量的不断提升以及对市场环境的正确认识。不同于故步自封的老字号企业，万有全属于那种紧跟时代步伐的企业，它做好了传承和创新的平衡，积极响应国家对于企业的环境保护要求以及产品质量要求。另一方面，万有全尚有继续上升的活动空间。对于中青年人而言，老品牌“万有全”不算知名，其质朴的产品包装设计往往不敌市面上其他产品的包装大气、抓人眼球；且其市面上的零售店在店面规划和销售员的安排上也不敌新上市的小企业。因此，万有全如若想继续获得这个年代的主要消费者的青睐，即便是走情怀路线，也需紧跟大众消费者的购买偏好进行升级，甚至可以与现在热议的网络生鲜蔬果零售平台建立长期合作关系，在新零售的大背景下奏起又一个时代凯歌。

老字号是一个个辉煌的称谓，是一个个积淀了深厚文化底蕴的品牌，它们的开创和发展，蕴涵了几代老字号主人的艰辛和传奇。老字号不但是一块块沉甸甸的“金字招牌”，更是中华民族经济发展史的有效见证，时至今日，各老字号的未来有着霄壤之别。保护老字号，就是保护中国文化记忆。

新　长　发

——栗子情长，历久弥香

寻访人员：周瑜晨　竺梦珂　张藐越　谢思颖　池　骋
戴程源
指导老师：胡　欢

八十年风雨积淀，“糖炒栗子”成经典

上海新长发栗子食品有限公司始建于1935年，是“中华老字号”企业、上海名特商店、上海市著名商标。是一家前店后工场作坊式的老店发展成为连锁化经营、销售网点遍布全市的多元化经营格局的企业。

上海新长发栗子食品有限公司以“振奋精神、踏实工作、认真务实、开拓进取”为企业精神；以“真诚合作、共同发展”为企业宗旨，坚持诚信经营，热忱地与社会各界合作，为广大消费者服务，在激烈的市场竞争中发扬光大老字号品牌。创始于1935年的新长发糖炒栗子至今已有近80年的历史，公司始终加强对产品的质量监督和优质服务，使公司成为名副其实的“栗

子大王”。新长发栗子食品有限公司曾荣获“静安区商业零售企业规范服务达标单位”的称号，公司的栗子产品被市商委列为“100家重点推进商业品牌”；公司还先后荣获“卫生先进单位”，计量、物价信得过单位，重合同、守信用单位。2000年，“新长发”被评为上海市著名商标。

干果之王，“栗”久弥香

“新长发”以糖炒栗子为主打产品，发挥品牌效应，并致力于以栗子为龙头的系列新品开发，将传统的厨房食品转化为时尚的休闲食品，丰富人们的物质生活。先后推出桂花甘栗真空小包装，深化了传统的炒制工艺，使该产品四季飘香；栗子肉枣、栗子鸡翅、栗子牛筋等真空小包装，口味鲜美，且营养搭配科学，深受消费者青睐；同时“新长发”还推出了独具风味的香辣鸭肫肝、天津甘栗、栗容精肉脯、速冻栗子、糖水栗子及炒货、蜜饯等系列，市场反应颇佳。新长发充分利用著名商标优势，将产品打入各知名商店、超市、卖场，扩大了市场份额，使中华老字号品牌具有新的活力。

“新长发”从一家前店后工场作坊式的老店发展成为连锁化经营、销售网点遍布全市的多元化经营格局。“新长发”坚持选用优质板栗为原料，凝练了传统的炒制工艺，使“新长发”成为名副其实的“栗子大王”，走出了一条属于自己的成功之路。

企业在经营过程中不断总结，大胆创新，粒粒钟情，袋袋相传。销售网点遍布全市，销售网点遍布全市，各网点实行“四个统一”：即统一柜台、统一包装、统一配送、统一价格，不但使消费者能就近品尝到新长发糖炒栗子的美味，扩大了新长发品牌的影响力，同时也扩展了公司的销售业务，使销售额节节攀升。

新长发公司在危机面前发挥“老字号”品牌优势，排除诸多不利因素和困难的干扰，企业向职工作出“不减销售、不减员工、不降薪酬”的承诺。推出“开源节流”的举措：即一手抓“开源”，深入市场，与经销商磋商销售时间，积极参与促销派送活动；寻找市场销售热点，通过电炒栗锅进一步发挥现炒现卖的特色；参与“豫园中国日（节）2009豫园春节民俗庙会暨中华老字号精品荟萃展”，取得了不凡的销售业绩。另一手抓“节流”，公司积极做好财务预算工作，加强企业内部各环节的管理，不该支出的费用一律不予支出，同时原、辅材料的采购货比三家，择优购入。2009年1 ～ 2月份公司销售及毛利同比分别增长了38%和25%，利润也大幅提高，职工的收入同比增长28%。在金融危机尚未见底及迎世博600天行动计划中，在这种危机与机遇并存的特殊时期，新长发公司一如既往地视产品质量为企业生命，全力打造优秀品牌企业，彰显当之无愧的“栗子大王”地位。

一言之美，贵于千金

对于一家企业而言，诚信经营无疑是安身立命之本，将诚信作为企业经营的准绳是维系百年基业不衰的唯一选择。上海新长发栗子食品有限公司一直将商业信誉放在首位，作为一家百年老字号，有口皆碑的产品与服务是新长发一直以来努力的目标。作为上海滩的“栗子大王”新长发在经营的过程中从未曾忽视过诚信，计量、物价信得过单位，重合同、守信用单位这些荣誉称号都是对新长发诚信经营的肯定与鼓励。

诚信是企业文化道德观的核心内容。企业的诚信精神是企业价值和企业竞争力的重要标志。除此之外，诚信更是我国传统文化的道德准则，是社会主义核心价值观之一，自古以来就是商业领域最重要的精神内核之一。企业在经营过程之中应认真履行合同，不做虚假宣传、不生产问题产品，杜绝欺诈消费者的不良行径才能将企业做大做强。

渠清几许，源远流长

结束了几天的调查工作，我们小组的收获颇丰。虽然刚接到社会实践的调研内容时，我们大家都对这个上海老字号品牌并不是特别熟悉，也没有品尝过其食品与众不同的味道。然而这次难得的机会让我们有幸体验老字号独特的味道。这几天我们小组通过实地考察，亲自品尝，采访顾客，调查问卷等途径对新长发有了更加全面与深入的了解。一个企业可以历经长久的发展依然保持良好的竞争力，一定有独特的经营管理方式及与时俱进的管理体制和源源不断的创新力。我们了解到一个企业的发展并不是容易的，它不仅要面对多变的国内市场，还会受到国际大环境影响。消费者的需求也是不断变化的，需要企业不断进行产品的开发来满足消费者不断变化的需求。

老字号企业的长足发展值得我们去探究，在暑期社会实践的老字号项目结束的时候，我们对此有了一些不同的感受。当我们真正地去感受一个老字号品牌的发展时，才明白在企业发展的背后不仅仅有企业创始人及员工的心血，还有在上海生活的一代又一代的人们对老字号的认可与支持。一个企业发展的内在动力和企业精神也是我们应该去追寻的。此次上海新长发有限公司实践活动让我们对于企业发展有了一次真实的感受，是我们第一次离开课本上枯燥的经济理论，走出校门探索企业发展现状。

对于我们来说，这次的活动应该是一次特别的体验和经历。我们一起品尝刚炒好的栗子，一起对来往的顾客进行问卷调查，对店里的工作人员进行一些简单的访谈，这些事都是我们第一次做，即使天气炎热但我们的热情依旧。

我们组队员在这次实践调查活动中都很主动，对于自己的任务都很用心。当我听到别的同学抱怨的时候，我觉得自己特别幸运。所以这也让我们知道，以后在小组中千万不能懈怠，也不能让别人的消极情绪影响到自己。或许我们只是万千器件中一颗小小的螺丝钉，但只要我们充分发挥自己的作用，就能让一切有条不紊地运行，也才能彰显我们的重要性和不可或缺。在这次实践中，我们不仅领略了老字号的风采，也通过实践，让我们走出上商校园，对社会有了最最初步的了解。同时我们也学会了分工合作，体会他人的不易，相信这些会使我们受益终生。

老　同　盛

——绿色食品，匠心依旧

寻访人员：陈颖莹　邓　爽　邓慧丽

指导老师：刘陈鑫

创于危世，享誉盛世

老同盛主营南北货且久负盛名，是上海历史最悠久，影响最大的南北货经营品牌。“老同盛”初创于1887年（清光绪十三年），并于1993年被中华人民共和国国内贸易部首批命名为“中华老字号”，2011年再次被中华人民共和国商务部命名为“中华老字号”，这与它“着眼健康，共享盛世”的经营理念关系密切。多年来，它以市场为导向，品牌为龙头，调整商品结构，开拓业务并经营发展。

在2007年“老同盛”成为上海黄浦区级非物质文化遗产。百余年来，它的店名换了又换，从1897年的“老西门”到现在的“老同盛”，由最初的合股企业历经私营，公私合营，国营，最终成为一家民营企业，但那浓浓的上海老味道却经久未变。

“老同盛”也秉承着“老同盛伴您同盛”的宗旨，顾客至上，锐意进取，成为一方“童年的味道”“历史感浓郁”“货真价实”的代名词。

老同盛是家经营南北货的百年品牌，一直遵循着“天然、绿色、滋补、健康”的原则，使其产品成为绿色食品，馈赠佳品。在店内可以买到近20个地区的产品：有自产自销的新疆红枣，物美价廉的鱿鱼水发剂和酒曲，童年记忆中的零食，被评为区级非物质文化遗产的芝麻核桃粉等。最出名的当属南风肉，其口感类似火腿，非常适合煲汤。在老大房一口酥柜台还能买到被评为上海12家最好吃的鲜肉月饼，据说其外皮薄脆，肉大多汁，过年过节还能打折，相当实惠，另外还有国际饭店的蝴蝶酥，白脱蛋糕等，令人称赞的麻辣鸡爪更是上海一绝。老同盛的经营管理非常成熟。根据我们采访的结果反映，所有受访对象对老同盛的服务水平与商品质量十分满意，较高的服务水平与产品质量间接体现了企业人事管理与生产管理都达到了一定的水准。员工的行为举止代表着一种企业文化，近距离地接触消费者，给予消费者对企业最直接的印象。老同盛对员工的管理极大地为企业创造了无形财富。

性价比是老同盛的主要竞争优势。相比于其他零售批发公司，老同盛的价位中等，70%的受访顾客认为老同盛价位合理，物有所值，且老同盛经营范围较广，销售产品种类较多，既有主打的南北货——南风肉，又批发销售五金、乳制品、文体办公用品等，更绝的是上海传统零食在老同盛都可以找到。老同盛合理的定价、多样的商品使其成功保持了竞争优势，这一点使老同盛获得了较好的口碑。

盛久日衰，困而思变

由于租金上涨，成本提高，老同盛的店面不断缩减，住在店周围的人说他们以后就找不到老同盛了，为什么找不到？是因为相比于国内新兴零售批发业，老同盛店面装潢平凡老旧，既不新颖又无百年老店应有的端庄与历史感，无新意的宣传方式和拥挤昏暗的店铺被隐匿在各式各样的新型企业中。

在电商盛行、实体经济放缓、零售业由卖方市场转为买方市场、消费者主导经营的时代，吸引消费者的眼球也是企业成功的标志之一。老同盛应将企业文化与品牌相结合，以文化创新树立企业形象，打造自身特色吸引更多的消费者。此外，与老同盛的“老态”一样，老同盛的消费对象为老年人，老年人受自身消费能力与退休收入的限制，对商品的需求量较小，因此转变顾客群迫在眉睫。老同盛的宣传仍主要依靠“口口相传”，这种单一且低效率低速度的传播方式，让本不受大多人青睐的老店，丧失了更多的顾客，关注度极低的老同盛昔日的美好在一点一点地流失。

老同盛既保留其起家的南北货又和国际饭店合作代销，拓展业务。公司体制紧跟时代潮流，由共有转私有，由国营转民营，这也为老同盛的发展注入新鲜的细胞，使其融资渠道扩展，资金链变活。

上海老同盛有限责任公司下有红声土特产食品商场，古美西路商场，设红声、昌里，风茂等分店并设有南北货专店多个。此外老同盛在引入资金的同时积极对外投资加盟上海豫园集团等，这也是老同盛发展的活水。

南船北马，俱载匠心

老同盛南北货享誉江南，是上海历史最悠久的南北货经营品牌。历经百年风雨沧桑，在竞争激烈的今天依然困而不亡，僵而不死，自有其过人之处。在电商盛行、实体经济放缓的时代，像老同盛这样的南北铺子想生存可以说是步履维艰，每一步都是生死存亡的关键。变革和创新自然也成了其发展的关键。然而不论是如何创新经营模式，变革企业，老同盛始终坚持不变的就是传统店铺那精益求精的工匠精神。一个作品的诞生，离不开老同盛匠人们的刻苦钻研与雕琢。

“天然、绿色、滋补、健康”的食品标准就好像一条准绳，不论经营的方法如何改变，始终要在束绳之上。山东乌枣，江西莲子，福建桂圆，陕西木耳，甘肃黄花菜，新疆葡萄干，还有那招牌的南风肉，真正将天南地北的美食一网打尽，搜罗铺中。

对品质的坚守、对工艺的传承，老同盛匠心依旧，不管世事变迁，过硬的品质和传统工艺都是他屹立不倒的凭仗。

从前商户多繁华，回首花锦半零落

中华老字号是数百年商业竞争中留下的极品，他们已然超越了本身的商业意义，是承载一个地方的“独家记忆”，有其独特的文化寓意。起初，我们从网上资料得知自新中国成立初期始，老字号企业消失的速度令人咋舌，且目前这些企业中，经营效益比较好的仅占10%，有70%的企业只能勉强维持，另外20%则长期亏损，老字号面临着生死考验，顿时让我们觉得此次探寻走访项目意义非凡，保护与传承中华老字号刻不容缓。

在这次实践中，我们通过走访分店、采访负责人及顾客与周边居民的形式，了解了老同盛的现状。通过这次实践，同学间的合作更融洽，经受这种以团队活动形式的历练和团队精神的熏陶，我们协调与解决问题的能力也得到了提高。实践之后我们得知老同盛经营百年，自有其独特之处，但同时也避免不了现代销售模式的冲击，经营每况愈下。或许是现代经济社会应该思考的问题，如何保留并发展这些百年老品牌值得有关方面的重视。许多老品牌贴近百姓的生活，有其他现代企业所没有的气息，将品牌做精细不仅是老同盛自身的责任，保留发展这样的品牌更是整个社会的责任。

邵　万　生

——糟醉食品，席间美味

寻访人员：杨　帅　任亚男　朱家豪

指导教师：李　俊

何处寻糟“最”，咸丰邵万生

咸丰年间，宁波三北（现慈溪市）的一个渔民之子，人称“邵六钵头”，他背着破旧的包袱来到上海讨生活，除了包袱里几块维持生计的银元外，他一无所有，唯能让他在“遍地是黄金”的上海滩立足的，也只有他掌握的南北货和宁绍糟醉手艺。起初，他在早期宁波人集聚的虹口吴淞路上开设南货店，出售红枣、黑枣、胡桃等干果和金针、木耳以及烟纸杂货，后来，他摸准了宁波人喜食咸货的生活习俗，开始出售自制的糟醉食品，受到顾客青睐。咸丰二年（1852年），邵氏在虹口横浜桥附近，新开了“邵万兴”南货店，经营南北货与宁绍糟醉，这标志着上海南北货业作为一种新型经营业态的崛起。开业后一炮打响，受到附近居民的广泛欢迎，尤其是附近几位宁波老太更是对其青睐有

（图为资料中繁华的街道）

加，对店里的南北货啧啧称道。除门市零售外，邵万生还兼营批发业务，业务蒸蒸日上。

邵万生从磨砺出，糟醉香自苦寒来

同治九年（1870年），邵氏看到此时发展起来的南京路十分兴旺，便把店铺从虹口迁至南京路414号，走出了发展的关键一步。他扩大门面，开设工场，形成前店后场的格局，改名“邵万生”，希望店铺能生生不息，万年流传。这次迁移，使南京路上有了一家颇具规模的南货店，很快改变了南京路南北货土特产以往小店小贩小摊的经营模式。邵万生的糟醉生意非常吸人眼球，很多南北货都是前来购买糟醉食品的顾客捎带走的。邵氏发现这一现象，决定扩大糟醉生产，将店堂的一半都用来经营宁绍特色糟醉产品，每日将自产的糟醉产品如黄泥螺、醉蟹、糟鱼、醉鸡等时令商品推向大众，邵万生店堂每天被挤得水泄不通。从此，邵万生糟醉南北货如日中天，一发而不可收拾，成了上海乃至世界华人心中的“糟醉大王”。

（图为资料中繁华的街道）

抗日战争时期，时局不济，兵荒马乱，南京路不少店铺先后倒闭，地处闹市中心的“邵万生号”如一叶扁舟，在凶险的商海中颠簸飘摇，一度陷于困境，无法正常营业，有人想趁机低价收购，提出以3万银元买下“邵万生号”这块金字招牌，被员工抵制，没有收购成功。1947年，国内经济破产，物价飞涨，民不聊生，处于水深火热中的店员也未能幸免，邵万生号也发生了因劳资问题员工将老板告到上海社会局一案，前后历时近一年才圆满解决。之后又因开除7名员工而对簿公堂。这一年里，市面不景气，营业萧条，加上经济和管理上的一些琐事，邵万生几近崩溃。

1956年，邵万生和其他兄弟行业一样，也重获新生，开始了公私合营。“文革”期间，邵万生店名改为“兰考南货店”，商店门头上的邵万生店招牌被当作“封资修”当街烧毁。20世纪70年代中期，邵万生工场与川湘厂等三家企业合并，迁往原南市区大东门天灯弄，生产黄泥螺和糟蛋等。到了20世纪80年代中期，邵万生又搬回几十年前的老地方——南京路店堂后部，恢复前店后场，主要生产虾子酱油、黄泥螺、醉蟹以及糟鸡、糟肉、糟鱼等。邵万生在江苏、黑龙江、辽宁等省开辟了黄泥螺的货源地，建立了产供销网络。有了好的原料后，邵万生加快恢复原来的专业生产，由于黄泥螺产品口味调整快、市场反响好，进货数量逐年增多，邵万生很快在市场确立龙头地位，重新成为上海唯一生产黄泥螺的国有商业企业。香港环球航运集团主席、造船大王包玉刚每到节令都派人来南京路邵万生南货店选购黄泥螺、醉蟹。上海人大代表团赴港访问时，也专门请该店定制醉蟹、虾子等商品作为礼品赠送给香港知名人士。随着邵万生的重新崛起，在保留黄泥螺、醉蟹等糟醉特色的同时，近年来邵万生还成功创新了醉香鸡、五花肉、醉香鸭翅等特色产品，实现了历史性突破。

酒香不怕巷子深，味美源自年岁长

邵万生的糟醉食品，从选料到加工制作都有严格的规定。它的醉蟹选用的是重2—3两的活蟹，这些蟹由专人每天送货到邵万生店门口，伙计当众拣蟹，分量过轻或过重的、死样怪气的都不要。这样经过严格挑选的蟹制成的邵万生醉蟹声名远扬。还有著名的邵万生黄泥螺，原料采用舟山沈家门认母渡的泥螺。每年4月上中旬，当泥螺旺产，粒大无沙时，邵万生便大量采购，运回上海后，经过暴腌、洗净滤清，再用陈年黄酒醉制，这种黄泥螺肉质细嫩、鲜美可口，堪称夏令开胃佳品。

由于食用糟醉食品讲究“得时”，即制作后在一定的时间内

（图为店面情况）

食用味道最佳，过早或过迟食用都会影响口味。因此，为了使顾客品尝到最佳的糟醉食品，邵万生实行了糟醉货预约订货制度，根据顾客食用的时间来制作，并在放糟货的甏口注明启封日期，顾客按期起封开甏，就能够品尝到味道最好的糟醉食品了。

邵万生的糟醉食品不仅质量好，而且品种多，一年四季均有上市，当时曾有人作了一首赞美邵万生糟货的打油诗："春意盎然尝银蚶，夏日炎炎食糟鱼，秋风萧瑟持醉蟹，冬云漫天品醉鸡。"

"邵万生"150多年历史成功地将江浙的糟醉变成了今天的老字号，成为其经营的主要特色。150多年后的今天，邵万生又开拓了新的一页。该店在常年经销南北货的腌腊产品中获知"金华火腿在东阳，东阳火腿在上蒋"之说。于是直接从上蒋进货，率先在南京路步行街推出"火腿王"。通过创新，使百年老字号以糟醉兼营南北货的定位更加清晰，目标更加明确。正像邵万生食品公司总经理说的那样："老字号既要继承历史，又要开拓创新，今后邵万生在产品开发方面的新目标是大力开发以糟醉口味为特色的休闲食品和厨房方便食品，并积极寻求跨地区合作，输出邵万生著名品牌这一无形资产，不断赋予糟醉食品以新的元素和生命力，无愧于上海'糟醉大王'这一市场领导者的称号。"

如今，经过商业企业的改革、改制，邵万生组建了邵万生商贸合作公司，由"邵万生""三阳""大丰""川湘"等多家百年老店、名特商店组合而成，实现食品杂货行业老字号的强强组合，不断做大、做强，邵万生已成为上海食品杂货行业中唯一还保持完整公司建制、拥有较高市场份额和盈利能力的企业。几经沧桑，特色不变，盛名不衰，店内两条金色字幅"精制四时糟醉""南北果品海味"熠熠生辉，书写着这家百年老店的传奇历程。

（图为门店外观）

少时贪美味，糟醉记“万生”

现今在我国，许多老字号纷纷被列入国家级非物质文化遗产评选范围，受到国家保护和政策支持。老字号具有很大的历史与文化价值，但是老字号不是文物和遗迹，它是一种经济活动实体。作为经济活动实体必然接受市场竞争的洗礼，大浪淘沙，优胜劣汰。邵万生作为中华老字号品牌，历经百年，发展至今实属不易，却也无法避免越来越激烈的市场竞争。根据实践了解到的情况，我们小组对邵万生未来更好的发展提出以下建议：

深化特色，保持品牌形象。邵万生自创立初始，便销售糟醉食品，延至今日，其黄泥螺糟醉系列不仅依旧声名在外，拥有大批忠实拥护者；其制作工艺更是独树一帜，甚至被评为黄浦区首批非物质文化遗产。凭借百年老店的影响力、独特的制作工艺、百年时间赋予的文化内涵等得天独厚的老资历，主打黄泥螺等糟醉老产品，让特色复兴并闪光，使品牌形象定位明确并深入人心。

拓宽领域，不断创新。现代消费者的消费行为，除了单纯的产品感受之外，还很大程度上受到品牌认知的影响，老字号上百年甚至几百年的历史所形成的品牌联想，为老字号进入新的领域提供了基础。相对于完全新兴的品牌，老字号进入新的产品领域所需成本将会更少。除去糟醉产品，邵万生也销售南北干货与地方特产，仰仗糟醉食品形成的良好声誉打开其干货与特产市场，扩大营业种类与销售范围。市场变化万千，品牌在发展中其内涵与外在表现形式都必须与时俱进才能始终向前。所以，在不断发展之中，我们认为邵万生可以在店内增加一些小规模时鲜货柜，按时节销售时髦与应节商品，为品牌注入新鲜血液，吸引更多年轻消费群众，永葆品牌青春活力。

贴近需求，深化服务。就邵万生独特的地理位置与其零售属性而言，邵万生位于上海繁华的南京路上，各国游客众多，其品牌产品信息可以考虑设置中英双语栏目以方便外国游客的理解与品牌深远传播；又因其产品各样，可适当增加产品试吃，刺激消费者购物。

和许多老字号品牌一样，邵万生有很多东西要传扬。但要发展，同时也得促进其年轻化。在老字号年轻化过程中，坚守的是品牌的文化内核，改变的是品牌经营思想与经营方式。

在上海这座商业云集的大城市，美食届的老字号招牌也算是一个优势。对一个本土上海人而言，对邵万生最初的印象就是小时候妈妈会带自家的玻璃瓶去买甜面酱，如今的邵万生已经没有打酱这一项目了，现在就是个食品商场，肉类、话梅、上海特产、饮料什么都有。

此次对于邵万生的寻访，我看着来来往往的人群，不禁很满足，希望这样一个老字号能够百年千年传下去，时代的改变也促使了各个老字号不断改革，现今的邵万生的发展虽说不上蒸蒸日上但也是稳步提升，对此许多老上海人都感到欣慰，一个有历史的店面能够一直留存下来，也算是我们回忆过往的一个途径或者念想吧。

上海梨膏糖

——是糖更是药

寻访人员：李　婕　黄碧琪　蔡佳雯
指导老师：胡　欢

梨膏糖托孝心，良药不苦而甘

上海老城隍庙梨膏糖，有历史记载从清咸丰五年（1855年）起已有150年的历史。探究其源，可追溯到唐朝。相传唐初名相魏徵，侍母甚孝。因母经常咳嗽气喘，故朝中常派太医给魏母诊治，终不见疗效。开草药煎服，其母嫌味苦而不肯服用，以致病情加重。视此情景，魏徵焦虑万分。一日，家人从市上买来不少梨子，魏母素喜吃梨。略懂医道的魏徵，想到用梨汁加糖配上药物。于是，取杏仁、川贝、茯苓、橘红等掺之，熬成膏状药用。果然口味甚好，异香扑鼻，魏母乐于服用。不久，咳嗽痊愈。消息传开，朝廷内外有患咳嗽者都向魏徵求救良方。魏徵也乐于施人，便将处方和熬制方法一一传授。此后，达官贵人和黎民百姓竞相泡制，广为流传，逐渐发展成为今日的老城隍庙梨膏糖。

清咸丰五年，首家梨膏糖商店设在老城隍庙庙前的大门石狮子旁，店号“朱品斋”。清光绪八年（1882年），老城隍庙西首晴雪坊旁开设了以“永生堂”为店号的梨膏糖商店。清光绪三十年（1904年），老城隍庙北面又开设了一家“德生堂”，专制专售梨膏糖。由于各家自产自销的梨膏糖能止咳化痰，物美价廉，梨膏糖逐渐成为大众非常喜爱的老城隍庙土特产。激烈的竞争，推动了各帮梨膏糖业的迅速发展，使梨膏糖的制作达到了炉火纯青的地步。

当时，“朱品斋”嫡传朱兹兴先生，为在竞争中独占鳌头，从迎合上流社会的需求考虑，推出高级梨膏糖食品，除投入含有止咳化痰的药料外，还添入人参、鹿茸、刺五加、玉桂、五味子等贵重补品，颇受名人雅士的青睐。根据顾客的不同需要，朱还代客配制，专为公馆服务，电话联系，送货上门，使梨膏糖成为集礼品、闲食、治病为一体的高档系列食品。

为使“朱品斋”药梨膏和梨膏糖有更大的发展，在1950年代初，门店又迁移至黄金大戏院南首林森中路口。梨膏糖原庙内“朱品斋”店铺送给女婿龚仁林继续开业，直到1956年“朱品斋”与“永生堂”“德生堂”合作后才一同并入上海梨膏糖商店。

梨膏糖是由纯白砂糖（不含饴糖、香精、色素）与杏仁、川贝、半夏、茯苓等14种国产良药材（碾粉）熬制而成。口感甜如蜜、松而酥、不腻不粘、芳香适口、块型整齐、包装美观。由于品质优良，疗效显著，在国内外享有盛名，深受广大男女老少的喜爱。

上海梨膏糖食品厂成立于1956年，是由“朱品斋”“永生堂”和“德甡堂”三家自制自售的小店合并而成的，专业生产各色梨膏糖。通过老城隍庙内各家名特商店与市内外销售商销售，以满足不同消费层次的需求。上海梨膏糖食品厂之所以一直保持行业领先地位，成为全国梨膏糖行业的龙头老大，是因为上海梨膏糖食品厂一直秉持“推陈出新”的发展理念，每年至少有4个新产品推向市场，6—8个新包装上市。梨膏糖这一颇有特色的土特产风味食品，经过一代代人的不断努力，成就了今天上海梨膏糖的美名。

风劲帆满图新志　砥砺奋进正当时

梨膏糖食品厂把他们的发展前景放在拓展海外市场以及国内市场，前者是，因为海外市场华人比较集中，这些人对传统的中华食品比较感兴趣。后者是因为过去的目标群体通常是老年人，而现在，梨膏糖食品厂要将发展方向放在现代的年轻人身上。就像李放敏厂长说的——只有抓住年轻人，才能抓住未来的市场。因此，加大线上、线下的宣传力度，让更多年轻人了解并熟悉梨膏糖商店的产品，也成为梨膏糖食品厂发展的一个方向。

忆往昔峥嵘岁月，奋激百年潮

随着学院的百年老字号项目的启动，在今年的“三百项目”中，我们小组的课题确定为上海梨膏糖食品厂。上海梨膏糖这一老牌子已经有了百年历史，如同其他老字号一样，无论是老大房、老正兴、光明村还是杏花楼、鼎丰酿造……都在这座百年城市中历经风雨却能延续至今，扛起一世又一世的繁荣，一代又一代人的记忆。上海梨膏糖的发展作为其中的一段历史，至今依旧兴盛，必有其独特创新之处。梨膏糖食品厂经营业务为糖果、饮料、乳制品、五香豆、炒货，其中，最主要的还是梨膏糖，各种口味的梨膏糖，还是上一辈的记忆。如若不是此次寻访，我们可能就会错过这一个上海老字号。

在7月3日至8日期间，我们小组成员拿到本次百年老字号负责的项目后，首先，网上搜寻关于梨膏糖、梨膏糖食品厂的各方面资料，对我们即将研究的课题有了一个初步的认识。关于其历史起源、配方配料、制作流程在网上都能找到其相关资料，但在寻找食品厂这一块内容时，资料空白，令人十分无奈。本想寻得关于经营百年老字号背后公司的宗旨理念，并通过电话与负责人取得联系，寻找上门采访的机会。结果并非如预想一般顺利，反而一开始处处碰壁，但我们并没有放弃，一直在努力争取中。其次，我们小组成员进行了相关调查问卷的制作，整理了前期所取得各类资料，同时记录好每天的进程及心得体会。

7月9日，周六，我们小组成员早起赶赴城隍庙，找到上海梨膏糖商店，对店内售货人员进行了一个简单的采访，并对店内外客人进行了问卷调查，获取了消费者对这个百年老字号的反馈信息，使得我们最后的结果有客观准确的数据来源和来自群众的情况信息。

最后，在7月11日，我们直奔位于上海浦东新区东方路的上海梨膏糖食品厂，与厂家进行了一次深入的交流。

如果从1855年上海老城隍庙开的第一家自产自销梨膏糖的店铺朱品斋算起，上海梨膏糖可以考证的历史已有157年。

城隍庙游人众多，他们来自全国各地，穿梭于各条弄里，寻觅老上海的踪迹，我们混于其中，兜兜转转找到了文昌路41号——如今，由上海梨膏糖食品厂专供的上海梨膏糖商店在老城隍庙内成为一条独特的风景线，百年的招牌包容了百年的故事。

店面很大，招牌上写着“百年老字号——梨膏糖”。步入店内，各色梨膏糖置于货架上，店内顾客很多，了解后知道有些人是上海本地人，一直喜欢梨膏糖的味道，会定期采购；不过大部分人是来自外地的游客，他们来到上海，专门到城隍庙采购上海特产，在各方渠道推荐下，百年老字号梨膏糖成为伴手礼的首选。

我们遇到一位热心肠的售货阿姨，表明了我们的来意后，她非常热心地回答了我们有关梨膏糖的问题，并介绍我们去拜访他们的经理，无奈经理正好不在，我们没能进行相关访问。

但是这位阿姨又带我们来到梨膏糖商店的隔壁，那里竟有一家单间梨膏糖小铺，墙壁上张贴着梨膏糖的百年历史介绍。阿姨告诉我们，这里才是梨膏糖商店的发源地。亲身所见，感触果真不一样。

“城隍庙就卖两样东西，一是五香豆，二是梨膏糖，”接待我们的阿姨自豪地对我们说，话语中透露出自己对这份老味道的赞赏。“八年了，我已经在这里工作八年了。”在交谈中阿姨透露了自己的工龄，还招呼我们说要我们毕业了也去他们那儿工作，不会差的。我们认真记录了阿姨说的每一句话，那是一种老上海的情怀，更是一种对工作、对生活认真的态度。

本次问卷调查，受访对象以25岁以下人群为主，因此，调查结果更能反映上海百年老字号的梨膏糖对时下年轻人的影响。通过问卷调查上的数据分析，我们了解到在若干不同口味的梨膏糖中，最受消费者欢迎的是玫瑰味，占64.29%；紧跟其后的是葡萄味，占57.14%；之后依次为血红枣味、桂花味、干凉百草味、肉松味、胡桃味等。并且我们了解到，他们接触这一老字号，多是经过家人朋友尤其是一些年长一辈的亲戚推荐的，梨膏糖常常作为佳节伴手礼而被广大游人所选择。

如今，上海老城隍庙梨膏糖历经时代的演绎和岁月的磨砺，经久不衰，成为上海著名的传统土特产代表之一。它不仅在上海家喻户晓，还深受全国消费者的喜爱，特别受到那些怀有深厚老上海情结的海内外华人的喜爱，他们总要带些特产回家，与他们的亲人共同享受天伦之乐。在上海老城隍庙梨膏糖百年发展中，文化是构筑企业发展的“软实力”，是衡量一家百年老店是否具有“历史底蕴”的重要权重，是企业发展的灵魂。经历了岁月的淬炼与沉淀，上海老城隍庙梨膏糖形成了以“梨膏糖，是糖更是药”为核心的企业文化，传承着企业在历史发展中留下的生生不息的价值基因。凡是过去，皆为序章。成长的年轮已然镌刻在时代的丰碑上。正是凭借特色化经营、精细化管理、专业化发展，梨膏糖锻造出一个饱含时代温度的百年传奇。

通过这次社会实践，我们小组成员在调查过程中收获的不仅仅是一些数据，更多的是我们彼此之间的协调力、组织力、分工合作的精神。我们这一路遇到了不少分歧，从争论纷纷逐渐转变度为相互谅解，从中我们得到了成长。《礼记·学记》曰：“玉不琢，不成器；人不学，不知道。”这次社会实践犹如为我们打开了一扇窗，使我们在一次次的感悟中豁然开朗。

岁月悄悄流走，百年历史不过瞬息之间，风雨摇曳、盛世繁华都不过是漫漫人生路的一个阶段，我们就是要在沉浮的历史中总结教训，支持当今社会保护非遗的行动，继承传统、推陈出新，使中华老字号品牌得以更好地发展。

城隍庙五香豆

——数代人的回忆浓情

寻访人员： 郑美佳　金颖婕　潘佳青

指导老师： 胡　欢

城隍初建豆欠佳，精益求精名远扬

20世纪90年代，上海老城隍庙内开设了一家名为“兴隆郭记”的五香豆店，专门经营自产的奶油五香豆，生意兴隆，口碑载道，远近顾客纷至沓来，不久就成为家喻户晓，脍炙人口的上海风味特产。“不尝老城隍庙五香豆，不算到过大上海！”这是凡到城隍庙中外游客众口一致的评语。城隍庙五香豆皮薄肉松，盐霜均匀，咬嚼柔糯。城隍庙五香豆是上海地区的汉族小吃，其用料讲究，火候适当，吃到嘴里香喷喷、甜滋滋，别有风味。

1956年，“郭记兴隆号”改名为“城隍庙五香豆”，如今，豫园商城内专设了五香豆商店，附近还有五香豆厂，风味独特，名声远扬。

不断革新应时代，回味无穷寄相思

说起五香豆的发展史，当初，城隍庙建成后，香火鼎盛，庙市上顾客、游人川流不息，商贩们纷纷来此设摊做生意。有一位名叫张阿成的外乡人，弄了一只煤球炉和一口铁锅，边烧边卖，做起了五香豆生意。五香豆烹时香味四溢，吸引了众多顾客，美中不足的是，豆皮虽香，但豆肉夹生。为此，张阿成常和顾客发生争吵。在邻近设摊经营五香牛肉和豆腐干的商贩郭瀛洲，见做五香豆生意本微利厚，就改行试烧五香豆。他决心“取其所长，攻其之短”，与张阿成一比高低。

凭着烧五香牛肉“选料好、加工精”的经验，他选用了嘉定产的“三白”蚕豆，在配料上，加入了进口的香精和糖精，并注重调试火候。这使得烧出来的五香豆既不夹生，又香甜可口。后来，他又发现，用铁锅烧豆，表皮发暗，色泽不美，遂精益求精，定制了一次能烧40斤豆的大紫铜锅，做到色、香、味俱佳，口感呈软中带硬、咸中带甜，深受顾客赞誉，生意越做越兴隆。

后来，恰逢“雷云轩烟嘴店”的老板因故歇业返乡，被郭瀛洲委托代为看守店房。郭瀛洲借此机会，利用这间铺面，收摊开店，取名“郭记兴隆号”。他在牛皮纸制作的包装袋上，印刷了郭瀛洲的头像和双龙商标。扩大经营后，产品也从零售发展到兼营批发。不仅沪上车站、码头、茶楼、酒馆、影剧院门口出现了设摊和提篮叫卖五香豆的商贩五香豆，还开始远销海外，可谓豆香延千里。

说起城隍庙五香豆，就会联想到祖辈。祖辈们年轻时物质匮乏，吃不饱的年代里尝一包五香豆是一种奢侈，品尝豆子对他们来说是一件激动人心的事，是藏在心里值得高兴炫耀的事。现如今，五香豆承载着食客对家人的思念，传达了浓厚的亲情，这也是五香豆经久不衰的原因。于祖辈们而言，儿孙们回家探亲无须购买昂贵的稀罕玩意儿，仅需捎些他们儿时最爱的城隍庙五香豆，和家人聊聊家常，就是最好的。

如今快节奏的都市生活，使得许多传统饮食文化濒临淘汰的危险，很多甚至已经消亡。面临这种情况，城隍庙五香豆却优雅转型，仍然出现在公众的视野之中。其华丽转身的背后是对传统经典与现代的完美融合，其中承载了一份都市人对过去的缅怀，一份挥之不去的寄托。

驰名全球销量俏，质量保障美名传

上海老城隍五香豆食品有限公司是豫园商城上海老城隍食品有限公司下属的一家生产奶油五香豆、各种豆类、炒货为一体的工厂。“质量是企业之本，特色是发展之源”是该公司经营的理念。近年来，随着生产销售业务的不断扩大，该公司又在浦东新建了一座具有相当规模和先进设备的现代化工厂，在设备更新上采用先进的恒温控制及机械生产，狠抓产品质量，使产品质量达到相当高的稳定性，为消费者提供更价廉物美、具有安全保障的五香豆，提升企业自身获益能力，承担起了应有的社会责任。

经过不断的优化升级，上海老城隍五香豆有限公司分别通过了HACCP质量认证、全国工业产品生产许可证OS认证等一系列的质量保证。该公司以其优质的产品口感以及不断革新的企业态度，历年来收获颇丰，产品分别荣获：上海市优质产品证书、上海快速消费品市场领军金奖、瓜子展品金奖、上海畅销金品奖、儿童生活用品（食品）消费者信誉奖等，在全国拥有庞大的客户群体和良好的声誉。

随着企业对产品质量的不断提升与重视，以“老城隍”著名商标注册的奶油五香豆除了深受国内消费者欢迎，更是获得了国际友人的认可。国家领导人到沪接待外来宾客均用上海老城隍奶油五香豆来接待，产品还远销美国、澳大利亚及东南亚国家，销售年年上升，在行业中名列前茅。

访老字号百年史，开拓共展新风采

有人说:“两千年历史看西安，一千年历史看北京，一百年历史看上海。”上海真正的发展史也就是从近一百年开始算起的，而在这一百多年的发展历史中，中西融合，海纳百川是其主旋律。老字号的百年发展史，也浓缩了上海的近代史。

若要细数那些大名鼎鼎的老字号品牌，我们可能只能浅谈产品特色，而对于这些老字号的发展历史、经营理念及社会现状则一无所知。这次的百年老字号探访项目给了我们一个很好的契机，去深入了解这些传承了百年历史的上海老字号。

在前期准备工作期间，我们通过网站点评，门店销售，微信及微博上的内容，充分了解了老城隍庙五香豆的相关知识和背景，同时也向身边的长辈了解了五香豆在他们童年时期的市场地位。每一个得以传承百年的企业都有其丰厚的历史背景及其独特的企业文化作为支柱，支撑着老字号企业得以在时代的洪流中越加进步，在日益现代化的社会环境中寻得一味经营之道。老城隍庙五香豆作为一家独具1990年代上海滩特色的品牌，在已有的生产技术上不断引进新科技、新技术，研发更适合消费者喜好的、更健康美味的五香豆，将消费者的购买体验作为该企业精益求精、不断努力的驱动力，这些无一不体现着老城隍庙五香豆品牌的企业责任感。在那个物资匮乏的年代，一份松香可口的五香豆承载着一代人最大的乐趣；而今上海成为海纳百川的魔都，一份五香豆代表的是一代老字号企业对社会、对消费者的一份执着与坚守。

千里豆香，经久不衰，靠的是一份不断革新的内在驱动力，靠的是以质量为本的经营理念，靠的是对消费者无限尊重的服务态度。正是因为上海老城隍五香豆有限公司对于企业责任的高度认识，才使得该企业没有因时代的变迁而被抛弃，而是在老字号这条道路上越走越远，越走越踏实，相信在未来它将会把这份“民族味道”传送到更多地方，传递那浓浓相思情。

张力生年糕

——不忘故乡不忘本，年糕糯香天下闻

寻访人员： 刘焕任　许鑫文

指导教师： 梁　爽

色黄如玉，味腻如脂

上海冠军食品有限公司，2010年被认定为“中华老字号企业”。“张力生”为其旗下品牌，该品牌1948年创立于台湾。是由台商张勤先生创办，他热爱故乡的事迹，崇明岛人有口皆碑。1993年9月，张勤先生凭着一股对故乡的热情，创办了上海冠军食品有限公司。1998年张勤先生荣获崇明县经济建设双百功臣桂冠。

“张力生”产品主要有：真空包装水磨年糕、花色年糕、糖年糕、真空包装玉米等系列产品。在同行业内，国际市场的占有率约为90%以上，“张力生”商标已在32个国家和地区获得注册，产品广销欧美、东南亚、非洲等地。有华人的地方，就有张力生年糕。

上海冠军食品有限公司的前身为张力生食品工厂有限公司，

于1994年自台湾迁至国家绿色生态园区——上海崇明。“张力生”年糕选用崇明的优质、非转基因大米为原料加工而成，为顾客提供优质食品，让顾客吃得放心，吃得满意。年糕的加工方式继承了传统宁波年糕的生产工艺。

传统手艺久弥新，年糕年糕年年高

春节，我国很多地区都讲究吃年糕。年糕又称“年年糕”，与“年年高”谐音，意寓人们的工作和生活水平一年比一年提高。据说最早年糕是为年夜祭神、岁朝供祖先所用，后来才成为春节食品。年糕不仅是一种节日美食，而且岁岁为人们带来新的希望。正如清末的一首诗中所云：“人心多好高，谐声制食品，义取年胜年，藉以祈岁谂。”年糕的种类很多，最具代表性的有北方的白糕、塞北农家的黄米糕、江南水乡的水磨年糕、台湾的红龟粿等。年糕有南北风味之别。北方年糕制作方法有蒸、炸两种，均为甜味；南方年糕制作方法除蒸、炸外，尚有片炒和汤煮诸法，味道甜咸皆有。

张力生品牌年糕制作的是传统的南方年糕，主要为江南水乡的水磨年糕，其创立之初就有着“年年高”的企业梦想，同时也为食用张力生年糕的人们祈福，希望他们在过年之后也能“年年高”。除此以外，张力生的出现也为国外的华侨带来了中国的年味，即使远在天涯也能尝到家乡熟悉的年糕味道。

一片爱乡情，糯糯年糕里

说起“张力生”年糕，不得不说张勤先生，生于崇明县江口镇宏达村。1947年，22岁的他只身赴台谋生，先给老板打工，后来自己创办制衣厂、锯片厂、面点厂和农场、积累了丰富的管理经验。1981年，海峡两岸尚未解冻之际，为了实现30多年的思乡梦，张勤瞒着在台亲属，通过旅游形式转道香港，只身悄悄回到魂萦梦牵的崇明县。当时他忧心忡忡，白天不敢直接回家，傍晚才悄悄回家，终于见到了日思夜想年逾九旬的老父。父子俩抱头痛哭。闻讯前来的邻居亲属为之落泪。3天后，他又不得不悄悄地离开。但就是这3天，他亲眼看到了家乡的变化，亲身体会到故乡人民的质朴情怀，那35年的游子魂被拉回了故乡。临走时张勤动情地说：水还是故乡的甜，人还是故乡的亲，崇明是生我养我的故乡，就是死，我也要葬在故地。从此，他每年都要回崇明探亲。

两岸开放交流后，张勤投资家乡的心情越来越迫切。经过多方考察和深思熟虑，他认为崇明水净土洁，历来是鱼米之乡，有着丰富的大米资源，是食品加工最好的基地。于是，他决定投资生产各式年糕，打出在台的张力生（张力生是他的原名）年糕老名牌，一举成功，当年获利。

有人说，老板总得有个老板样。可张勤先生是老板，却又不像老板。装车卸车有他的份、生产包装有他的身影、仓库质检堆放还能看见他吃住在厂里，每天四点钟起床后就到车间检查工作，这里转转，那里摸摸，直到工人下班后，他才开始吃早餐。早餐后又到车间检查、指导工作进程。熟悉的人总是直接到车间找他。职工每天工作8小时，而他每天工作12个小时以上。职工们劝他：老板年纪大了，指挥指挥就行了，何必亲自动手呢？

他总是嘿嘿笑说：我从小习惯了，不干不舒服。张勤先生有一句格言：我办厂主要是为了造福于民，赚钱是次要的，我要趁现在还能工作，尽最大能力帮助家乡人民。职工生病了，他亲自看望；经济再困难，也不欠发职工的工资；为了职工有舒适的工作环境，每个车间都装有冷热空调。职工们高兴地说："给张老板干活真舒服。车间有空调，吃饭有保障，工资有保证。"张勤先生特别重视厂区环境。改造厂内环境，增加厂内绿化，白色的路面、绿色的草坪和各色的花卉，就像一座小花园。

张勤先生在关心公司职工的同时，也没有忘记当地群众。每年中秋节、春节他都要前往敬老院慰问；1998年遭受特大洪灾时，还拿出200箱年糕支援灾区人民。公司每前进一步都凝聚着他奋斗的足迹。为了开发新产品，促进销售，他走遍大江南北，销售网点从上海拓展到北京、南京、山东、南通、香港等，覆盖全国15个大城市，并远销欧亚美国家。年初，为了进一步拓宽市场、发展自身，在改进工艺设备的基础上进一步研制出碗装速泡年糕。经过近半年的试制和试销，产品获得成功。这种年糕食用方便快捷、入口味道纯正、品味香糯兼优、食之可口不腻，是目前市场上同类产品中最先进的品种。

就是这样的一个人创办了这个企业，创立了这个品牌。他的所作所为已经足以代表"张力生"年糕，他对故乡的热爱，对故乡的关注，都深深地融入企业之中，使得企业有担当有责任，不仅不断创新，还为当地发展提供助力。

操千曲而后晓声，观千剑而后识器

张力生年糕的制作从掺米到蒸米到打糕再到切糕，程序之严谨，手艺之娴熟，不是一日练就的，而是经历过多次的尝试达到的。与之相比，很多其他企业的年糕制作过程和手艺并不逊色，但最终没有成为人们耳熟能详的老上海品牌。这期间的用心付出，不断的尝试与不懈的努力，使得张力生在这平凡的行业中取得一席之地。

所谓的成功没有偶然。“做什么事情都要有条理”这是经理给我们的忠告。不管是做企业还是做人，或者做任何一项普通的工作，讲究条理会让事半功倍。对待事情要分轻重缓急，只是建立工作待办事项的清单是不够的，必须厘清各项任务之间“轻重缓急”的关系。放到我们在校学生的身上来看，学会合理分配时间和精力，学会分清学习与娱乐的主次关系，有助于我们更好地成长。张力生年糕的创建人张勤先生的事迹和他创办企业的过程，深深感动了我们。少时背井离乡，在外打拼，功成名就后返回故乡，创办企业，帮助家乡发展，这种反哺之情，若不是心中有着大爱，有着感恩之情，是很难做出这样的决定。也正是这份不忘本的情怀，才让张力生的名字深入人心，不仅感染每个员工，品质也感动着每一个消费者。有了热爱才会更加明白责任的重大，才会对消费者负责，才会用心去做好一件事。做事就是做人，做人如此，做事也会如此。

张勤先生的成长历程，在一定程度上为张力生年糕厂注入了文化，使得这家企业在产品的制作、开发和生产中都充满强烈的责任感。身在企业中员工也会受到影响，在日常的工作中就会更加努力，做好每一个环节，最终就会生产出好的产品。年糕，这一人们生活中最平常不过的食品，张力生年糕却把它做到了极致，做出品牌，做出口碑，这相当不容易。踏实肯干，有责任有担当，就算是普通的岗位也可以做得很好。现在许多青年人好高骛远，眼高手低，对待事情不是很认真，甚至敷衍了事。张力生年糕，或者说很多的老字号品牌，之所以可以走到今天，能够受到很多人的欢迎，就是不忘初心，不忘企业创立之初的本衷，一直坚持和守护。

张力生企业的成功，有着许多的原因，这些都值得我们在学习和生活中铭记和践行。企业责任不仅是一种责任，更是一种信念，对于张力生企业也是一种力量，激励着他们做得更大更好；而对于我们来说，是一个指向标，指引着我们前行，踏实做人，诚信做事。

名 店 篇

和平饭店

——住得“奢华”，吃得“精致”

寻访人员：贾　惠　陈静霞　施佳依
指导教师：胡　欢

百年传承，展开盛世新纪元

和平饭店是中国首家世界著名饭店，原名华懋饭店，在20世纪30年代，是上海当时最负有盛名的酒店。上海南京东路口的两幢大楼都属于和平饭店，这座远东第一大厦于1956年更名，属芝加哥学派哥特式建筑，楼高77米，共12层。饭店内设有270间装潢典雅的客房及套房，将现代化科技和最为奢华舒适的住宿设施相结合，为宾客提供无与伦比的酒店之旅。奢华套房或极品套房可尽揽黄浦江及外滩万国建筑美景，闻名遐迩的九国特色套房记录了老和平饭店的不朽传奇。

1929年，犹太商人Victor Sassoon构思并创建了名为“华懋饭店（Cathay Hotel）”的酒店，这就是后来的和平饭店。饭店位于上海的南京东路和外滩的交叉口。1964年，深受中国人民爱戴的周恩来总理在和平饭店举行会晤，此后美国的两任总统，里根和克林顿也曾下榻于和平饭店，该饭店成为外国代表团及重要人物访华的接待场所。跨入21世纪，上海成功举办2010年世博会，而这座外滩历史名店也成为费尔蒙旗下的地标性酒店，展开盛世新纪元。

革故鼎新，创新特色闻名上海

和平饭店自1929年落成以后，名噪上海，以豪华著称，主要接待金融界、商贸界和各国社会名流。如美国的马歇尔将军、司徒雷登校长，剧作家Noel Coward的名著《私人生活》就是在和平饭店写成的。二十世纪三四十年代，鲁迅、宋庆龄曾来饭店会见外国友人卓别林、萧伯纳等。

新中国成立后，饭店于1956年重新开业，起名为和平饭店。和平饭店对客房、餐厅等进行了更新改造，焕然一新，而建筑风格仍保持了当年的面貌，使下榻于此的宾客仿佛置身于时间隧道，在现代与传统、新潮与复古的融合、交错中浮想万千。

和平饭店共设有18个中西餐厅、酒吧、宴会厅、多功能会议厅，可以满足宾客举办各类宴会、酒会、冷餐会、会议的需要。餐饮部又分为茉莉吧、龙凤厅、西餐厅、爵士吧、CIN CIN酒吧、VICTOR'S、宴会厅，每个餐厅都各具特色。菜肴品种丰富，中餐供应上海菜、广东菜、四川菜三帮菜肴，尤以上海菜驰名沪上；西餐以法式看家，由法国大厨主理，其中一道名为“红烧葡萄”的菜肴在全上海只有在和平饭店才能享受得到。红烧葡萄这道菜的材料可不是葡萄那么简单，而是鱼眼睛。要用至少6斤的乌青鱼，先取下鱼眼以及连接的一大块鱼脸肉，再细细地剪成直径超过5厘米的圆形，去腥，入锅，调味，勾芡。

可见和平饭店在高度要求店内住房设备设施的同时，也在对店内菜品的选择上独具创新意识，选材用心、烹饪方式独到，使得这家世界著名饭店在近一百年的历史中，时刻紧跟时代步伐，使其企业价值远超相关同类型企业。

一个世纪的情怀，缝隙中透着上海味道

2006年3月8日，上海南京东路20号的和平饭店迎来100周年庆典。过了一个世纪，拨开花岗岩的包裹，和平饭店的内里，腐靡不再，奢华依旧。墙上镜框里是褪色的旧上海街景，顶上是缓缓转动的老式黄铜吊扇，四周悬挂气焰尽息的万国旗，空气里弥漫着丝丝缕缕的陈年气息。在这里，连缝隙中都透出旧上海的味道，每一间房间都是有来历的。

1. 龙凤厅——最浓重的怀旧情怀

和平饭店的龙凤厅是闻名遐迩的高档中餐厅，供应最经典怀旧的上海菜和粤菜。中国传统的红柱绿壁，契丹金纹和著名的龙凤顶，蕴含中华传统文化，塑造出饭店经典奢华的风格及氛围，令来宾们穿越时空，仿佛置身于由皇家享有的美食天堂中。位于八层的龙凤厅一览浦江美景，是怀旧迷人的待客和商务交往场所，亦是和平饭店最富情怀的大厅。

2. 爵士吧——唯乐声与淡酒不可辜负

爵士吧是典型的英国乡村式酒吧，以老年爵士乐队的演出而闻名。和平老年爵士乐队里的这六位乐手年龄都在75岁以上，爵士乐从20世纪80年代开始就一直成为和平饭店的保留节目。时光似乎停格在20世纪80年代的上海，唯有乐声穿堂而过，留

得一口酒香直灌胸腔。

3. 华懋阁——欧系与现代菜系的碰撞

和平饭店对老上海的追求不仅限于内饰，更在产品本身。华懋阁是20世纪30年代以来上海首屈一指的美食聚集地，它坚持和平饭店的一贯承诺，向客人提供难忘的用餐体验。华懋阁新近加盟的厨师长特弗·麦克劳德（Trevor Macleod）的烹饪风格总是变化无穷，推陈出新。他解释说：“我喜欢随着四季更替不断变化，变化即是我的标志。当然我也有特别喜欢而常用的食材和口味，如鹅肝和苹果或甜菜和辣根。我用这两种搭配已创造出多种不同的菜肴。”凭借着现代菜肴与欧洲经典菜肴的“有机结合”，华懋阁开创了一套独一无二的菜式，这也是和平饭店的菜肴特色所在。

文化是一种社会现象，是人们长期创造形成，同时它又是一种历史现象，是社会历史的积淀物。经营了百余年的和平饭店正是深谙历史文化对于商业文化，对于企业自身的重要作用。这使得和平饭店在餐饮业竞争日益激烈的当代，以高度的美学水准以及在菜肴选取上坚持创新的运营理念，塑造新型商业文化道路，用情怀拉动文化，以文化推动企业发展，成为当代人所认可的商业文化。

集聚创意续写传奇，唱响中华老字号

在我们的印象中，和平饭店是上海滩的标志建筑和象征，曾经接待过无数的国家领导人和外国友人，内饰的考究奢华驰名中外。我们对和平饭店进行了实地考察，发现饭店外围充满古典奢华感，大厅里更是金碧辉煌，走廊两边陈列着该饭店发展历史和时代海报，令人仿佛置身于一所历史悠久的博物馆中。从这座“博物馆”中，我们总结出和平饭店的几大看点：

看点一：博物馆。2015年上半年新建的小型博物馆，展示了几十件与饭店有关的古旧物品以及大量照片。50年前的骨瓷餐具、70年前由饭店提供的只能刻下4分钟录音的铝质“光盘”、近80年前的银制雕花杯套。

看点二：沙逊阁。10楼的沙逊阁，是根据当年“跷脚沙逊”的私人卧室和书房改造的。凭窗远眺，看得见阳光下波光粼粼的黄浦江，也看得见夜幕下闪烁的灯河。现在是上海最高级的宴会厅之一，很多人慕名而来。

看点三：屋顶露台。和平饭店的顶层露台很有名，其中英国维多利亚式的屋顶花园，被称为“上海最浪漫的地方”。凭栏远眺，江风猎猎，憧憬迷思，外滩的浪漫与休闲气质，许多人是从和平饭店的顶层露台开始感受到的。

看点四：九国套房。是当年华懋饭店开设之初保留至今的客房。分别为中、英、美、法、德、印度、日本、意大利、西班牙九国风格的客房，其中英国套房全部家具都是80年前留下的老古董。

通过项目前期的市场调研、实地考察及采访，我们了解到百年老字号企业在生产经营管理中存在一定的问题，主要集中在品牌宣传、产品创新、产品价格等方面。以和平饭店为例，因其企业定位为高档酒店，所以和平饭店的产品的价格普遍高于市场价，一份甜点的单价就接近50元。而且餐厅规定，来到这里的每位顾客都需要消费，也就是说食物数量要大于等于人数。因而在该饭店内的顾客数量较少，以中年顾客居多，消费产品多以咖啡、甜品等下午茶点心为主，其中别具情调的老年爵士酒吧也只有寥寥几人。经过对和平饭店游客进一步的采访，我们了解到现在的年轻人很少去和平饭店吃饭，因为里面的设施大多是历史文物，对于年轻人来说年代太久远，似乎更像是一处供游客参观的历史遗迹。另一方面，和平饭店的产品价格普遍高于市场价，对于初入社会的年轻人而言，在和平饭店用餐与其收入水平不相一致，略显“奢侈”。可见，和平饭店在经营发展上更侧重于外表化，目标客户定位为高端消费客户，不利于企业的长期发展。

“没有实践，就没有发言权”，只有亲身经历过才能获取更具备科学性的调研结论。这次项目不仅仅让我们对百年老字号过去以及现状进行了解，也让我们更深层次地思考了和平饭店现在生存状况下存在的问题，并对其未来能够稳定持久发展提出了我们自己的见解；不仅对和平饭店这一家百年老字号企业发展进行推测分析，同时也对于其他所处相同尴尬境地的老字号企业发展问题进行了思考。

多少年来，这幢A字形的坚实建筑，一直是名流出入的殿堂；而现在，只要不怯场，尽可以踏入那扇里外两重天的旋转门，回到上海的过去。从现世到过往，或许只是一扇门的区别。或许现在的和平饭店发展的趋势更侧重于商业文化，但她却永远代表着旧时光隐藏于这座摩登城市中。只有懂它的人，才能体味出门后的传奇，传奇中的故事。

上海梅龙镇酒家有限公司

——菜肴鲜香，贵于大气

寻访人员： 唐心怡　吴明圆　张　敏　胡　珺
阿丽亚·巴合兰别克
指导老师： 于振杰

酒家名从国粹起，进步人士继扶持

梅龙镇酒家创始于1938年，创办人是一名京剧爱好者，店名取自古典京剧《游龙戏凤》中正德皇帝微服私访"梅龙镇酒肆"之轶闻。其原址在威海卫路上。《申报》（1939年3月9日第11版）对梅龙镇酒家开幕曾有如下记载："本埠威海卫路六四八号（慕尔鸣路西首静安别墅口）梅龙镇酒家，筹备数月，业于昨（八）日开幕，一时履展如云。"

由于经营不得法，梅龙镇酒家开业三年连续亏本，行将倒闭。在一百多位文艺界等进步人士的投资资助下，由话剧界爱国女士吴湄任经理，继续经营，并于1942年冬迁到南京西路现址，营业面积扩大为130多平方米，职工增加到60多个；并聘请川菜名厨到店掌勺，供应川扬特色名菜，从此生意日益兴隆。

梅龙镇的川菜被称为“海派川菜”，传统菜有200多种。新中国成立后，它在经营上坚持发扬原川扬菜肴特色，深受消费者欢迎。1958年7月，周恩来总理在上海视察工作，曾与几位劳模在此吃中饭，临走与全体职工一一握手，鼓励大家把服务工作搞得更好。

“文化大革命”中，梅龙镇特色消失，只供应三四角的大锅菜，改名“立群饭店”，职工50人左右。1978年，梅龙镇酒家恢复原名，扩大装修，堂口面积扩大到430平方米。店门两侧设翠柏灌木，店中有龙凤、梅妍、百花、迎春、幽兰五个餐厅。厅内彩屏高挂，宫灯垂悬，四壁壁画浮雕，古色古香，富有民族风格。还布置有精巧的地下餐厅，牡丹、杜鹃、仙鹤、翠竹、绣球五个单厅各具风格，别有洞天。众所周知的事件——“越剧十姐妹”的结拜盛宴即在此举行。1988年，梅龙镇被评为国家二级企业；1996年在“驻沪海外人士看上海”评选活动中，被评为全市唯一一家市民“最喜欢的上海餐馆”；2007年被评为“上海名牌”；2008年荣膺“全国十佳中华老字号餐饮品牌”称号。梅龙镇酒家以70年的细心研磨和精到锤炼，形成“香嫩滑爽、清香醇浓、一菜一格、百菜百味”的独特风格。“梅家菜”的蟹粉鱼翅、干烧明虾、水晶虾仁、富贵鱼镶面、干烧四季豆等近百款的传世经典菜肴被列入中国名菜谱。酒家装潢新颖独特，兼具古典与现代韵味。

鲜嫩富贵鱼，热辣回锅肉

上海梅龙镇酒家是海派川菜的代表。“食不厌精”这句老话简直就是对梅龙镇佳肴的完美诠释。无论是代代传承的经典美味，还是后来研发的创新佳肴，梅龙镇的饭菜无不在“精”字上做文章，因此成就了一整套“梅家菜”。

富贵鱼镶面是梅龙镇厨师自行研发制作的一道精美佳肴，曾摘得世界烹饪大奖赛的金牌。该面以1斤2两左右的野生鳜鱼为原料；大厨采用干煎的手法，将收拾干净的鳜鱼煎至两面金黄，然后加入梅龙镇独有的干烧酱汁一同烧制10分钟，小甜、小酸、小辣之中透着淡淡酒酿的香味；装盘时再在鱼旁，放入和客人数量相等的面卷。鳜鱼身上覆盖着多种香料制成的酱汁，依偎在主菜身边的面卷，仿佛卷起的浪花——色香味形皆出彩。吃完肉质鲜嫩的鳜鱼，再用酱汁拌面，鲜味十足。一道富贵鱼镶面一菜两吃，让人欲罢不能。

川味的回锅肉，配上柔软的薄饼，被食客们喻为“四川肉夹馍”。只以猪后臀肉为原料，肥瘦相连，皮薄肉细。煮肉时，大厨在水中放入姜、花椒和料酒等香料为猪肉去腥；再捞起、放凉、冰冻，之后将肉切成1元硬币厚度，6厘米长，4厘米宽的薄片，放入郫县豆瓣酱、青蒜烹炒回锅肉。成盘的回锅肉宛若灯盏，微微打卷，用薄饼包着回锅肉一同入口，薄饼柔软，回锅肉香气四溢，辣度适中，让人喜爱。

在梅龙镇，不仅有鱼翅、明虾等高档菜肴，也有许多来自寻常坊间、为百姓喜爱的家常口味。经过梅龙镇厨师的改良，精心制作，保留了家常菜的精髓，明显提高了成色，诚可谓“点石成金”。

目前梅龙镇酒家已经推出了230多款传统创新菜点，蟹粉鱼翅、干烧明虾、水晶虾仁、生爆鳝背、三虾豆腐等皆是脍炙人口的名菜。

百年老字号对于饮食文化的传承在新时代依然有迹可循，梅龙镇酒家在保持这块金字招牌的同时，不断地推陈出新，成为穿越传统与现代的传奇。它能够在竞争激烈的餐饮业内常年坚持自己的特色，并且保持在高水准，实属不易。

古典梅龙镇，鲜香传百年

梅龙镇酒家位于南京西路1081弄，是一座具有强烈的英国斯图亚特王朝时期风格的红房子。这幢房子建于19世纪末，房子最初的主人为瑞康颜料行老板奚润如，梅龙镇酒家则在1938年由俞达夫等人创建。悠久的历史渊源与显赫的出生使得梅龙镇酒家拥有了浓厚、典雅的商业文化与人文气息。

梅龙镇酒家有一家总店以及一家分店，分店的内部装修沿袭了总店奢华而又不失大气的风格，两处门店都提供免费的WIFI。用餐环境可谓古色古香，让食客能够享受这份优雅。作为一家百年老字号，梅龙镇菜肴的味道在过去和现在，都十分受上海人的追捧。至于价格方面，梅龙镇酒家的价格确实比同档次的百年老字号要贵一点，且会加收百分之十的服务费。至于服务，我们去实地考察的时候可能并不是用餐高峰期，有什么需求服务员都会即时赶来处理，但是部分食客反映店内的服务员经常不能及时满足自己需求，且态度较差，这对于百年老字号来说是不利的。

另外，梅龙镇酒家除在门店销售外，还在其他的平台销售粉蒸肉粽，结合端午的吃粽子的习俗，我们认为这是一个很好的销售方式，但是对于这种尝味道的百年老字号而言比较有局限性，毕竟能用这种方式销售的产品仅限于冷冻后加热不失原味的食品。梅龙镇也在“大众点评”等美食平台上推出优惠套餐和一定的折扣，这从价格方面吸引食客，且也能够通过大家对于梅龙镇酒家的良好评价吸引更多的顾客。

总而言之，我们认为梅龙镇酒家会将“金字招牌”这四个字一直传承下去，成为上海饮食文化中重要的一部分。

见微知著，以小见大

本次百年老字号寻访活动有效转变了我们对百年老字号的认知。在梅龙镇酒家的实地实践，让我们看到了“百年老字号”这个称号背后不一样的梅龙镇酒家。百年老字号应该有的古韵，在酒家的精心装修里有迹可循，并且怀旧的菜品仍然深得老上海食客的心；有些百年老字号没有的创新变革，这里也有，不管是使用ipad点菜、多平台推广还是网络销售，梅龙镇酒家都在尝试去做。以上的种种改变了我们对传统百年老字号的看法，让我们看清了老字号的传承不但需要不变的味道，更需要改变的策略，在新时代使自己继续前进。对于我们自身而言，也是同样的道理，我们要在变和不变中成长——改变方式，不变初心。在商业竞争日趋激烈的今天，商业认知的升级至关重要，作为商科学生更应该将此融入骨子里。认知升级更确切地讲应该是价值再造，唯有认知到位，升级到位，才能创造出与时代同步的价值，与消费者同行的价值，与企业发展同向的价值。这一点，是“百年老字号”教会我们的。

本次百年老字号寻访活动切实提升了我们的调查研究能力和实践能力。在实践活动过程中，本组成员就项目推进、报告撰写、问题设计等进行了多次讨论。组员们的信息搜集整合能力、团队合作精神、慎独慎取的调研精神等，这些品质与精神都在此次活动中得到充分的发挥和进一步的提高。本次调研也使我们充分认识到作为应用型商科的学子要更多地接触行业的最新进展，关注行业的最新动态，在理念、认知、践行方面都需要通过一项项实际的操作与运营才能更加有效地感受商科人应有的商业素养。“纸上得来终觉浅，绝知此事要躬行”，这是小组成员在暑期实践收获方面达成的共识。尽管还有多个方面的不足，我们相信在大学未来三年的时光里，我们一定能够通过多次的实践活动来完善自我。

红房子西餐馆

——“老嗲”的海派西餐厅

寻访人员： 庄心怡　刘丽颖

指导老师： 刘陈鑫

百年老店，历史绵长

上海红房子西菜馆，是上海海派西餐的代表餐厅，创始于1935年，创业时名叫“罗威饭店”，由意大利人路易·罗威开设，坐落于旧上海繁华的商业街霞飞路（今淮海中路），是上海人心中西菜的象征，上海历史最悠久的法式西餐馆之一。

1940年代，日本投降后，这家西菜馆重新开在上海亚尔培路（今陕西南路），取名为“喜乐意”，包含“如家般温馨”的含义。在喜乐意开业后，罗威将店面刷成红色，给人热情洋溢、喜气洋洋的感觉，并通过“特色招”，请到了人称“西厨奇才”的俞永利，创出了一批“拿手菜”，尤其是在独创了“烙蛤蜊”后，更使喜乐意生意火爆，成为远近咸知的西菜馆。

到1950年代，有位名叫刘瑞甫的上海人买下了这家西餐馆，因店的门面是红色的，人们称其为“红房子”。在1956年，公私合营时，知名京剧艺术家梅兰芳偶然造访，提议根据店标特点——大红门楣、大红门楼，更名“红房子”。自此原本的“喜乐意”西餐社，正式定名为如今大家都知道的“红房子西餐社”了。

1966年“文化大革命”开始，红房子西餐社被“取缔”，将其改造成为“红旗饭店”，正式成为淮海中路上的一家“人民群众能够光顾的中餐厅”。至此，“红房子西餐社”不仅成为上海西餐的代表，更与南京路上另一家西餐店——“德大西餐社”一起，成为上海甚至整个中国西餐的地标。

1971年，“红房子西餐社”正式恢复营业，成为“文化大革命”期间全上海乃至全国第一家恢复西餐营业的西菜馆。1999年6月，在42类餐馆中，该店被获准注册了“红房子”商标。2007年3月，“红房子”商标被评为上海市著名商标；2010年，“红房子”品牌被评为“上海名牌”；2011年，上海红房子西菜馆被国家商务部收入“第二批保护与促进的中华老字号名录”。“红房子西餐”品牌虽历经了百年风雨，却依旧业绩优良，社会效益良好。其中，红房子西菜馆淮海店连续三届同时荣获上海市文明单位和上海市劳模集体“双冠王”光荣称号，在上海饮食业、西菜同业中占据鳌头。

百年味道，传承经典

“红房子”以经营法式西菜而闻名，讲究质量，菜肴精美。在店内，有着两道名声在外的名菜，其一是“烙蛤蜊”，其二是“洋葱汤”。“烙蛤蜊”这道看家名菜是由当时年仅24岁的中国厨师俞永利独创的。在一个偶然的机会，他尝试用蛤蜊肉来焗制，将蛤蜊肉剔出，洗净滤干，加上色拉油、蒜泥、芹菜末等作料，放回壳内，置于有凹洞的金属盘中，入烤炉烧焙，其色泽诱人。不少老食客品尝了这道香味馥郁，味浓爽口，肉质鲜嫩的蛤蜊，个个啧啧称道。1973年，访华的法国总统蓬皮杜品尝这道菜后赞不绝口，并赞许这是中国人发明的法国菜，更是将其加入法兰西菜谱。从此“焗蛤蜊”名扬海外，来华访问的人士凡来红房子必点这道中国人发明的“正宗法国菜”。

“洋葱汤”是法国古典的乡土风味浓郁的佳肴，烹饪工艺极为讲究，主料为洋葱，加工洋葱的厨师需要扎实的功底，才能制作出传统特色风味。加工一次“洋葱汤”，光炒洋葱这一道工序就要在控制火候的基础上，连续翻炒四个多小时才能显示其特色风味。其次，“洋葱汤”的汤，用的是上乘牛肉“吊”出来的，这种“汤”在西菜中接近于“牛茶”，因此这道佳肴也极受顾客喜爱。

由于红房子西菜馆既注意保持法国菜的经典地道，同时也加以调整、创新，以适应中国人的口味，制作出色香味俱佳的西菜，既吊胃口又饱口福，所以生意极好，尤其受到外国来宾和国内食客的欢迎，曾经招待过数不清的贵族显要，不少国家元首和知名人士到上海访问，都慕名前来品尝这里的法式名菜。

在20世纪60年代，国家主席刘少奇在陈毅元帅陪同下到红房子用餐，在品尝了“红房子西餐”的特色名菜：焗蛤蜊、洋葱汤、焗鳜鱼、芥末牛排、红酒鸡等名品佳肴后，赞誉“红房子”是“店小名气大”。当年，周恩来总理在品尝了“红房子西餐社”独创的“焗蛤蜊”“洋葱汤”后，也是竖起大拇指，频频称赞这家西餐社菜品“正宗”；并在以后的岁月里，无数次向中外宾客推荐说："要吃西菜，上海有一家红房子西菜馆。"国家领导人对红房子的钟爱有加，也令红房子这家西菜馆变得红上加红起来。

百年企业，创新发展

红房子西菜馆，虽经营着原汁原味的法国西菜，却又是实实在在的中国老字号，将东西方文化交融，使得其在上海西菜业中分外瞩目。"红房子"在继承传统老字号餐厅特色的基础上，又紧跟时代步伐与潮流，发扬了西方的现代餐饮文化。红房子曾两度选送上海厨师到法国学习深造，同时派厨师到上海的外资宾馆培训，吸取现代和新潮的法式菜，并将特色菜肴推向上海的餐饮市场，如：尼斯明虾、尼姆煎鱼、培根厚牛扒、红酒肺利牛扒、脆皮鹅肝、柠檬白汁小牛肉等一批创新菜，都别具时代新特征。

红房子西菜馆经过不断改善生产技术、经营环境以及营销理念；大胆发扬自主创新精神，发展名优特菜式，提高菜品质量；利用现代商业手段充实、丰富老字号金字招牌的内涵，维护和提升品牌竞争力；时刻关注目标顾客，并针对自己产品的档次定位，进行准确的市场细分，及时了解消费者需求。外加红房子中的上海厨师们不仅将西菜做得"地道"，而且敢于创新，以及他们对质量一丝不苟、对工作精益求精的态度，都成为红房子西菜馆这家中华老字号在海纳百川的上海一直红下去的原因。

在新时代背景下，作为上海西餐的龙头企业，"红房子"现今是黄浦区第一批社区教育实践基地，它大胆尝试将深厚的餐饮文化底蕴转化为社区教育课程，变店堂为课堂，集听、做、品为一体，融合知识性、趣味性和操作性。店领导和专业厨师亲自授课，教学内容涵盖红房子的发展历史、西餐基本知识、简易西餐制作和鸡尾酒的调制等。到目前为止，已经为社区学校完成了12期课程的教学任务，使1 200多名社区居民掌握了西餐的基本知识。

在红房子西菜馆，名人名家留下了太多的足迹与故事，也给老上海留下了太多的回忆，让人们不出国门，便能感受到香榭丽舍的风情和奢华，更感受到红房子百年老字号历史的传承、时尚的创新。在上海，不少人学会吃西餐还是从红房子开始的，所以人们一说起西菜，就想到红房子西菜馆，“吃西菜到红房子”，也成了老上海人的一句顺口语。随着时代的变迁，沪上的西餐厅越开越多，西餐的口味也历经变革，但总觉得不如罗宋汤、炸猪排、土豆色拉更符合上海人的口味，红房子在老上海人心目中的地位始终如一，其炸猪排加浓汤的经典搭配，依然是很多上海人不变的选择。

百年情怀，重回旧时

我们团队在此次实践调研中，实地走访了位于淮海中路的红房子西菜馆，远远看去，红色的仿砖瓦结构建筑，格外醒目。红墙、钢窗、玻璃门，这家老字号的法式西菜馆，无论是菜品设计，还是室内装修，无不体现着法国元素。走进红墙，便来到了充满法兰西色彩的世界，位于二层的大堂，三层和四层的包房，皆对应着法国国旗红、蓝、白的三种颜色作为主色调，餐厅的名字也十分浪漫，叫作“紫罗兰”“红玫瑰”“枫丹白露”等。传统的西餐桌，经典的西洋油画，优柔的西方乐曲，复古的吧台和灯饰，让人仿佛穿越时光，又回到了老上海的年代。置身其间，品尝法式大菜，别有一番异国情调。

从红房子入门引领的叔叔一直到为我们服务的服务员姐姐，都讲着一口流利的上海话，我们还遇到了专门来餐厅喝罗宋汤的上海老爷爷和老奶奶，可见上海人对红房子热爱之深。在调查过程中，我们随机采访了几位正在就餐的顾客和店内的工作人员，了解到现在来红房子西菜馆就餐的大多数都是中老年人，而年轻人则偏少，且大多数的年轻人都是通过老一辈的口口相传才知道红房子西餐馆的。现如今，本土餐馆的拓展受到外国餐馆饭店的竞争挤压，所以弘扬民族品牌，传承创新结合，进行企业的二次革新，制造出更多符合现代消费者需要的产品，使老字号再次焕发新活力，是现在包括红房子西菜馆在内的百年老字号品牌最需思考的问题。

我们小组在实践过程中通过对红房子的历史变迁、企业文化调研，品尝了百年畅销菜品以及采访了店员，从中了解到：红房子之所以得以百年是由于老上海的情怀所在，它不仅仅只是传统的西餐厅，更是中西完美融合的产物，体现了上海一种海纳百川的文化。店员都是上海人，餐厅里来品尝的客人大多也是上海人，所以在餐厅用餐的时候店员会用上海话沟通，使客人有种亲切感，切身感受到一种老上海的情怀。不过，发现就算是土生土长的上海人对上海百年老字号也不一定了解，只是听说过，而真正意义上了解，所以还是要亲身体验过老字号的魅力，才能明白老字号究竟为什么能如此长久地在激烈的餐饮行业生存下来，才能体会这些老字号品牌所留下来的不仅仅只是上海名牌，更流传下来了老字号文化和企业精益、敬业、专注、创新等工匠精神。

这次对百年老字号红房子西菜馆的探访，也引起了我们的思考，随着大数据时代的到来，传统营销模式碰撞新型电子商务。传统老字号企业如何在新时代焕发新的活力，是亟待解决的问题。老字号品牌是其资源，现做、现卖、现吃的点餐式消费是其特点，有环境、有感觉、有交流的人性化服务是其优势，如何做强“网上卖不了的东西”是当下的新命题。这就需要我们展开敏锐的触角，发挥网络的优势，拥抱数据化时代，在实践中改良，在改良中前行，在前行中创新。

对国人来讲，老字号代表着一种中国传统的商业文化，代表着一种历史积淀；既是传承千年的经典，也是走进千家万户完全平民化的日常消费品。而这些历经风雨和市场洗礼的老字号品牌除了它们所传承的优质产品、精湛技艺和经营理念，还有其体现的工匠精神，都是对我们来说极其重要的无形资产、力量源泉和灵魂所在。老字号要发展，不仅要创新，更要有传承技艺、培养工匠、尊崇工匠的工匠精神，做到百年如一日，相信这样的老字号品牌必将在新时期焕发出新的生机和活力。

小 绍 兴

——精心烹制的白斩鸡

寻访人员： 傅维诚　乌智杰　阮杨健
指导教师：李　俊

生活所迫谋发展，另辟蹊径创品牌

自1943年品牌成立至今，小绍兴已有七十余年历史。1956年，公私合营以后，与附近小吃摊点联合成立小绍兴鸡粥店，店面小，生意一直不景气，甚至一度摘下了小绍兴这块招牌。改革开放以后，小绍兴迎来了新的发展机遇。1987年第一次店面扩张以后，营业面积扩大到500平方米，两个楼层，成为当时黄浦区较好的大众化餐厅。每天慕名而来排队买鸡的顾客不管刮风下雨总要排上两个小时才能买到小绍兴的白斩鸡，因此也成为云南路一大景观。小绍兴鸡粥店也改名小绍兴酒家，发展成为一家以白斩鸡和鸡粥为特色的综合性酒家。1988年公司改制以后，以小绍兴酒家为龙头企业，成立了小绍兴总公司。

1991年，以小绍兴总公司为主体，云南路美食街创立，将总公司所属分散于黄浦区各路段的名店名品集中到美食街，如今在300多米长的美食街上集中了小绍兴白斩鸡、鲜得来排骨年糕、小金陵咸水鸭、长安饺子宴、大世界甜酒酿等30多种部优、市优产品和名特小吃，1997年，即使受到延安东路高架施工、云南路封闭的影响，美食街销售额依然高达7 661万元。1992年，小绍兴酒家斥资2 000万进行内部装修。1990年代末更是投入1亿巨资，新建小绍兴大酒店。新店楼高12层，营业面积逾万平方米，1 ~ 6楼为餐饮部，7 ~ 12楼为三星级宾馆设计的包房、会议厅、棋牌室、舞厅、健身房等，是一座融餐饮、住宿、娱乐和商务于一体的现代化大酒店。

2006年，上海另一著名的餐饮老字号杏花楼集团全资收购小绍兴，由此完成小绍兴资产重组；同年，由多元资本结构组成的上海小绍兴餐饮连锁有限公司正式成立。上海小绍兴餐饮连锁有限公司50%股份由杏花楼集团掌握，另50%股份由4家社会民营资本和10余位经营者资本共同持股。新公司注册资本2 000万元，原小绍兴公司旗下的“小金陵”盐水鸭品牌纳入新公司旗下，而“鲜得来”排骨年糕品牌归入杏花楼集团。目前，新公司已经制定了以白斩鸡为特色产品、以上海风味菜为发展方向的市场经营策略，并提出坚持科技养鸡，保持鸡种安全、健康的鲜明品质特色；巩固扩大全国范围的连锁加盟，提高品牌的市场覆盖率；开发特色食品连锁专卖等多元经营，发掘新的经济增长；强化市场营销，提升企业竞争能力四项具体的经营管理实施步骤。“小绍兴”目前有直营店5家，加盟店31家，重组后第一目标是发展直营、加盟和食品专卖店50家。“小金陵”盐水鸭现在在上海也开始开设连锁店，未来的发展策略是进一步扩大经营，开设迷你店。

（图为门店外观）

看抓摸吹听，挑选有门道

上海人一般都喜欢“三黄”鸡，但“小绍兴”的“三黄”鸡并非嘴黄、毛黄、爪黄，而是嘴黄、爪黄、皮黄。而且即使是“三黄”鸡，到了“小绍兴”那里也并非只只都能中选。他们严格把关：主要进绍兴、余姚、南汇县等一带农民养的鸡；而且还要散养的鸡；公鸡要当年的，母鸡要隔年的；母鸡必须在四斤以上，公鸡须在四斤半以上。如货源少，宁可生意少做，决不降格以求。

“小绍兴”对鸡的挑选还练就一套“看、抓、摸、吹、听”的本领：看，就是一看，就可知道鸡的产地，是圈养的还是散养的；抓，就是一抓就知道鸡有多重；摸，就是一摸就知道鸡的肉质是老还是嫩；吹，就是用嘴吹鸡毛，就知道鸡的皮色和品种；听，就是听鸡的叫声，就知道鸡的内脏健康状况。这还不够，凡是经“小绍兴”挑选“录取”的鸡，进店后并不马上杀，还要圈养一二天，由章如花仔细观察鸡的灵活程度，再决定杀的先后。

“小绍兴”的杀鸡净毛、烧煮烹调、斩块调料等操作都有一套高招。杀鸡用的刀，口小如黄豆；鸡血要放尽，以保证皮色白净；取内脏要不影响鸡外形的完整；烫鸡拔毛，鸡皮不兴有一丁点儿破损；烧煮时，先将鸡置于沸水中，拎上拎下，反复多次，烫煮片刻后，放入沙滤水中冷却“定型”，犹如金属淬火一样，滚烫的鸡碰到冷水，鸡皮骤然收缩，然后再放入沸水中，加少许冷水，文火煨熟，取出冷却后，用麻油涂鸡身上，马上呈淡黄色，而且油光发亮；再用特有的刀功，把鸡切成块，入口时，佐以根据配方特制的佐料，其味鲜美无比。有人把上海“小绍兴”的白斩鸡拿来与北京全聚德的烤鸭媲美。乍听，似乎未免有些过分，但当你品尝到那皮脆如海蜇、肉嫩、味鲜的鸡肉和别有风味的鸡粥时，你不得不啧嘴，称一声“鲜！”，说一声“赞！”无怪

（图为部分产品）

乎一位远道而来的日本朋友留下了“美味天下第一，但愿我有机会再来”的话。有位海外归侨在临上飞机前买了整只的鸡带到异国去，给他在异国的家人尝鲜。一位外商在“小绍兴”用完美餐后对章润牛说：“我出一千美金一个月请你去如何？！”章润牛回答：“我的‘家’在此，出五千元我也不去。”

雄鸡一鸣天下白，三黄名种九州闻

为了保证小绍兴白斩鸡鸡源和质量，小绍兴斥巨资与市农科院和交通大学农科所合作进行攻关项目，号称“小绍兴500万元养只鸡”，一时成为业界美谈。如今，拥有完全自主专利和品牌的“小绍兴优质鸡”已经进入批量生产阶段，被授予“2002年度上海市科学技术进步奖”，优质鸡的培育成功保证了小绍兴的鸡源，同时也保证了小绍兴鸡的与众不同和健康安全。

小绍兴以白斩鸡闻名于世，关于其白斩鸡，也有一段小故事。白斩鸡，始于清代的民间酒店，因烹鸡时不加调味白煮而成，食用时随吃随斩，故称“白斩鸡”。旧上海大世界是“白相人”的天下，而且警匪一家，不仅附近的流氓地痞经常光顾鸡粥店吃白食，警察也是白食常客，有时候吃不了兜着走，顺手牵羊，强取硬要，弄得兄妹俩好不恼火却又无可奈何。一次，两个警察在小绍兴吃饱喝足后，又要拿鸡。小绍兴无奈，只好依从，但心底极为不爽，从烧锅里取鸡时，一不小心把鸡掉到了地上，小绍兴趁两个警察自顾讲话的时机，赶忙将鸡捡起来顺手在旁边的井水里洗了一下就拿给警察去了。心中算是暗暗出了一个恶气：让吃白食的警察拉肚子去吧。不料事后警察吃过了说这只鸡特别好吃，还想再吃。小绍兴感到十分意外，细细一想，觉得大概与井水洗过有关。后来他如法炮制，果然鸡皮又脆又嫩。从此，他烧好的鸡都放入井水浸泡片刻，这种独特的方法使小绍兴的白斩鸡以“皮脆、肉嫩、味鲜、形美”而名声大噪。接着他又在火候、调料等方面下了一些功夫，使小绍兴白斩鸡更加鲜美，吸引了大批顾客。这样小绍兴的名气就逐渐大了起来。

雄鸡一叫天下白，小绍兴人乐开怀。拥有无形资产近3亿元的小绍兴，经过资本重组以后，正迈开大步朝前进发。“小绍兴”以程十发题词为商标标志，以“红色”为基调，既体现名人对著名企业的青睐，又揭示了集团公司充满活力和蓬勃向上的生机，其标志设计简洁，具有影响力和扩展力，象征着小绍兴人继承传统，开拓进取的精神风貌。

百家品牌齐争鸣，谁人能念小绍兴

所谓“百年老店”和“百年品牌”，指的就是在社会上拥有一定知名度和影响力且具有悠久历史的品牌。在我国的市场化进程中也涌现出了诸多的百年老店和百年品牌，这些品牌在一定时期对促进我国经济发展和丰富营销理论、实践起到了一定的积极作用。但是随着市场化的深入特别是国际市场的日益开放和多元化，我国的诸多百年品牌正招致来自各方面的竞争压力，生存空间逐渐缩小，所以一大批的百年老店的绩效锐减甚至倒闭。

新的时代给予老字号新的挑战，作为大学生的我们，为了能更好地传承和发展老字号，就必须做出深刻的思考。我国的百年老店和百年品牌存在的一个突出问题就是品牌的国际化程度低，与国际上的知名品牌有一定的差距。造成这些问题的一个主要原因就在于我国品牌的运作模式与国际知名品牌的运作模式具有较大的差距，国外知名企业大多非常重视设计研发和营销网络，能够快速适应市场的变化；而我国的许多百年老店恰好相反，过度重视生产环节、忽视设计研发和营销环节，造成对市场变化的反应缓慢。所以在品牌发展的道路上要加强市场适应，加快市场反应，以求老字号品牌在国际上更好的发展。

我国的许多企业特别是一些百年老店所生产的产品已经具有很高的技术和质量水准，所以同时要加强品牌的附加价值。增强品牌产品能够使消费者产生心理满足的额外价值特别是文化内涵，从而提升我国百年品牌的社会和国际形象。

百年传承、历久弥新，现在的老字号有了百年的积淀，更要理清品牌发展的脉络，为更多的支持者提供儿时记忆的味道。人在变，社会在变，渐渐地，我们失去了那一份儿时的幸福感。即使老字号变得味道平平，可我认为凭借其品牌的名气和累计价值，不会迅速走向衰落，还是能通过企业及时的营销战略调整和菜品创新让其起死回生，持续经营的。关键还是看企业是否已经意识到了问题所在和民心所向。

德 兴 馆

——延其祖泽，盛宠不衰

寻访人员：朱忆青等

指导教师：黄李艳

风雨飘摇，岿然不动

德兴馆，可以说是最老的本帮菜馆，被称为“本帮菜元祖”。其菜品特色是味浓而不油腻，清鲜而不淡薄，酥烂脱骨而不失原形，滑嫩爽脆而不失其味的本帮味道。

说起德兴菜馆的历史，那还得从昔日黄浦江边上近小东门处的真如路说起。真如路当时是一条小道，东西走向，向东可抵阳朔路，向西则是人民路，前后相距不足百米。值得一提的是在这之前，虹口和南市各有一条叫闵行路的道路。后来，南市闵行路改名为真如路，从那之后，闵行路也就只有虹口那一条了。就是在真如路那样一条稀松平常的小路上，走出了“德兴菜馆”，留下了美名，并且流传至今。

德兴菜馆，相传是清光绪九年(即公元1883年)，最开始由一个叫阿生的小商贩在闵行路开设的一间两开门面的小吃店，专门经营咸肉豆腐汤、红烧肉、血汤等大众菜品。由于地处小东门，且靠近十六铺码头，那里还是城内通往租界的重要通道，往来客人甚多。据说每逢用餐的时候，店内通常都是爆满，一些码头工人甚至直接捧着饭碗就在店门口大口大口地吃了起来。生意可谓火爆，店主阿生也算是小有收入，日子算是红火。正因为是繁忙热闹的十六铺码头一带，那里也是许多帮派聚集活动的地方，诸如青红帮、拆白党、地痞流氓常常出没，见阿生赚钱，便经常来寻衅闹事和敲诈勒索，惹得阿生无可奈何。最后由于生计所迫，就把店铺盘给了万云生。

万云生买下小店后，发现店铺生意不错，但空间太有限，不能满足宾客的需求。于是他对原址进行翻修和建楼，并且给店铺正式取名为“德兴馆”，这应该就是德兴馆名字的由来。重新开业后，店铺里楼下还是供应大众菜，招待往来的普通宾客，而楼上则装修成中高档的用餐地方，环境雅致，布置精美，并且还设有雅室，开始用于接待上流社会人士。万老板财大气粗，加上关系多，往来宴请的客人也就很多，店铺生意红火。然而好景不长，由于饭店缺乏特色而逐渐衰落，生意也变得比较平淡。尤其在万云生去世以后，他的儿子志不在此，无心经营菜馆，不久便把店铺转手了。据说是卖给了南市天主堂街晋成钱庄姓胡的经理。这个胡经理聘请专人出任管理店铺，想重振德兴馆往日雄风。但时运不济，正值日军侵略上海，时局不稳导致人心惶惶，尽管做好了准备，但生意反而更加冷清，难以为继。德兴馆再次转手到了吴全贵手里。据说吴全贵深谙经商之道，很会做生意，他投在黄金荣学生唐家帮的门下，依靠着这位“黄老太爷”的后台背景，把德兴馆的生意给盘了起来。

再到后来，在解放以后，上海市进行商业调网，菜馆迁至东门路。1985年，由原上海市副市长魏文伯题写了“上海德兴馆”的金字招牌。2004年8月，由于南外滩两岸建设的需要，德兴馆再一次搬迁，迁往小南门中华路622号原“一家春”的原址。经过装修，2005年5月，德兴馆正式落户小南门。几经波折，德兴馆传承至今，使上海的老味道得以保留，藏着历史的厚重与深刻，勾起许多人儿时的记忆，唤醒内心深处的那份熟悉感。

匠心技艺，终成一派

昔日，德兴馆的厨师大多是上海本地人，并且有着几十年的烹饪经验，尤以烧、炖、炒、烩、炸见长，选取上海浦东民间菜肴加以改进，开创了许多流传至今的名菜。

被誉为“天下第一参”的特色菜“虾籽大乌参”，就是德兴馆的代表名菜。说起这道菜，其中还有个小故事。在20世纪20年代，作为最热闹商业中心之一的洋行街，这里的海味行经营着许多产品，尽管如此往来货品很多，但有一些品种还是不为大家所熟悉，甚至连连商家也知之甚少，乌参就是其中之一。乌参的价格不菲，但销路不佳，主要原因就是它的皮质坚硬，许多人都不知道如何食用。临近德兴馆的一家海味行老板为了推广自己的乌参，便和德兴馆商量，表示向饭店无偿提供乌参，希望厨师试制莱肴，想以此来打开知名度，让人们知晓。德兴馆欣然同意，在得到一大批乌参后，厨师们便开始反复试验和琢磨，终得一法。方法就是将乌参用火烤焦，铲去硬壳，再用水发浸泡至软，沥干后用热油稍炸，加上笋片、白糖、味精、鲜浓汤、油卤进行烹制。制作而成的“红烧大乌参”让食客们拍案称绝，不久便风靡上海滩。其他饭店也纷纷仿制，让海味行的乌参成了炽手可热的货品。再后来，厨师进行改进，加上干河虾籽作配料，与红烧肉的卤汁共同焖烧，“虾籽大乌参”便诞生了。

德兴馆的另一道特色名菜“糟钵头”，更是让德兴馆名声鹊起，将下等料做成上等菜，考验的不仅是厨师的精湛技艺，更重要的是那份对美好生活的追求，对现实生活和劳动人民的体悟和关切。相传100多年前，德兴馆的一位厨师，看到新鲜的猪内脏被丢弃，感到很是可惜，便利用传统的方法将这些内脏剪去脏膘，用盐擦捏清洗，再用水煮去除异味，用辛香重料同煮解腥，小火焖烧过夜。然后把烧好的菜肴放入钵头，再加上传统的香糟卤作辅料，名菜“糟钵头”便这样诞生了。据说上海名人杜月笙每到德兴馆用餐，“糟钵头”是他必点的菜肴之一。把猪下水这些不登大雅之堂的下等吃食，化腐朽为神奇，变成传世名菜，可见德兴馆的独具匠心。

传承经典，开拓创新

伴随着上海开埠以来的德兴馆，百余年间创作出来的本帮名菜还有清炒鳝糊、虾仁鱼唇、青鱼秃肺、鸡骨酱、大鱼头、肉丝黄豆汤、腌笃鲜等，听之，如雷贯耳，尝之，人人称道。经典的传承，以及一代代德兴馆人的不断开拓和创新，使得其名满上海滩。吸引了当时的国民党要人蒋经国、孙科、陈诚等经常在德兴馆用餐设宴；著名演员谭富英、俞振飞、童芷苓等也都曾慕名而来。新中国成立以后，朱德、邓小平、宋庆龄、陈毅、陈云等国家领导人也曾到德兴馆品尝过本帮特色菜。

在改革开放后，海内外游客纷纷而至，络绎不绝地到这家百年老店寻访中华美食，上海本帮菜也用它独特的魅力开始闻名世界。调研那天也算是再次见识了老味道在21世纪里的影响，店铺里人来人往，有光顾多年的老食客，有慕名前来的年轻人，还有许多人带着亲朋好友一起来此，仿佛给他们介绍这座大都市的魅力风光一般。寻访过程中，许多大爷大妈们挤着公交、坐地铁，甚至跨越大半个上海，也要来这里和老友约着尝尝，回味记忆中的味道，仿佛在回忆往昔峥嵘岁月里意气风发的自己。在这里出入的顾客不乏退休工人、上班族、知名人士、美食家，真可谓三教九流齐聚。在这样老派有味道的地方，大家似乎都是愈挤愈开心。

博采众长，海纳百川

德兴馆是上海本帮菜的发源地之一，是一家驰名中外的品牌企业。上海德兴馆的本帮菜肴在几代烹饪大师的潜心研制下，许多名菜闻名沪上，经久不衰。令广大食客趋之若鹜。近年来随着人们的消费口味的改变，德兴馆更加博采众长，吸收了海派菜、川菜及各帮派经典菜肴的烹饪方法。同时，注重饮食营养与科学结合。在烹制过程中保留菜肴中的营养成份，深得广大顾客青睐。

德兴馆经久不衰，历久弥新，在快节奏的时代里，它有着自己的创新与变幻，也有着不变的追求，每一道菜体现了厨师对于食材的追求。与时代一同变迁的是菜品的种类，不变的是大厨们对于菜品的用心与自己对烹饪的追求。德兴馆中有人们难以忘记老上海的味道，它保留着菜品的美味，也保留着老上海工匠的那一份执着。在岁月的洗礼中，德兴馆继承和发扬着上海这座城市“海纳百川、追求卓越”的城市精神。

上海老饭店

——秘制本帮，匠心传承

寻访人员： 汤　杰　陈路停　迪娜尔

指导老师： 于振杰

肉丝黄豆赢得赞誉，岁月积淀美名流芳

上海老饭店创建于清光绪元年（1875年），原名“荣顺馆”，创建人张焕英。上海老饭店是上海菜的发祥地，菜肴以选料精细、风味纯正著称。经营初期，小店虽其貌不扬，却因物美价廉、选材优质深得食客好评，生意非常兴隆，因此老顾客视店如家，直呼其“老饭店”，以示亲昵。1965年老饭店扩建，迁到旧校场路和福佑路口，从此正式更名为“上海老饭店”。

上海老饭店曾多次接待各国元首，国家领导，驻华使节和各界名流。2011年，拥有136年历史的上海老饭店“本帮菜肴传统烹饪技艺”入选“上海市级非遗项目”；2015年，获得“国家级非物质文化遗产项目”授牌。

老饭店创建与发展历程，充分体现了当时的社会历史风貌。

承载着百年历史文化的本帮菜，拥有历史的味道，而上海老饭店的“老”字便完美地诠释了历史的味道。饭店特色菜如虾籽大乌参、扣三丝、八宝鸭、红烧鮰鱼、松鼠大黄鱼等的烹饪技艺集中体现了上海菜选材四季分明，制作时重视火候、原汁原味的特点。

美味佳肴留齿香，皆因良工巧匠在

上海菜最早从嘉定、松江等地方的农家菜发展而来，逐渐融会了徽菜、淮扬菜、粤菜等其他菜系的精髓和长处，同时结合了本地消费者的口味习惯并逐步进行改良，最终形成了具有鲜明地域特色的本帮菜。这种属于上海的海派饮食文化风格，在全国餐饮行业中占据了一席之地。

1993年上海老饭店首次改建，由国家级技师李伯荣担任主厨。李家是厨神世家，已经延续到了第五代，其徒弟、徒孙也都在上海老饭店掌勺。这种师徒、家族间的技艺与文化传承得以将上海本帮菜发扬光大。上海老饭店菜肴的美味不仅在于五味之间恰到好处地调和，更在于一种做好每一道菜的所投入的心境。

上海老饭店的每一道菜肴都是厨师精心打造的艺术品，而厨艺的传授仍然遵循口耳相传、心领神会的传统方式。“所谓心传，除了世代相传的手艺，还有生存的信念以及流淌在血脉里的勤劳和坚守。”诚然，心传的秘密并不在于独门秘籍，而在于用心的传承与创造。

上海老饭店具有代表性的本帮菜有油爆虾、八宝鸭、精扣三丝等。油爆虾讲究的是火功，八宝鸭讲究的是用料，精扣三丝讲究的是刀功。

油爆虾的火候掌握十分考验功力，油温200℃，将每500克80只的河虾下锅，6秒钟后迅速爆香捞出。再以葱姜爆香，加入酱油、白糖、料酒等收至浓稠，以最快速度将油爆过的河虾放入锅中颠炒，需要干净利落地在23秒钟内完成从下锅到出锅的全部过程，如此才能保证河虾壳脆肉嫩，色泽红润。单从油爆虾所掌握的油温火候以及严苛到以秒计的下锅速度就需要厨师精湛的经验积累和对厨艺的较高悟性。如此短时间内美味的促成，是多年来厨师技艺的积淀，而这些都需要师傅手把手地言传身教，才能把精准到毫秒不差的烹饪技艺代代相传。

八宝鸭，上海老饭店首创的名菜之一。塞进鸭腔内的“珍宝”十分讲究，有新鲜的莲子、火腿、开洋、冬菇、栗子、糯米等食材，再加入各种调味品，拌和成馅放入鸭肚内，用锡纸包裹严实。一般的餐馆直接上笼蒸三四小时，而上海老饭店在制作中需要经过三道工序，先旺火蒸3小时，再自然冷却3小时，再蒸2小时，这样才能确保鸭子出笼时不散架。经过蒸焖后，主副料相互渗透，鸭肉酥软，吃起来皮肥肉酥，色、香、味、形俱佳。在口味上，上海老饭店在保持原有特色的基础上，食材选择也与时俱进，原先选用开洋，现在用腥味更少的干贝来代替。

精扣三丝是上海老饭店的招牌菜之一。第一步，先将火腿、笋、熟鸡脯全部切丝，切丝是为了扩大食材与汤汁的接触面，每块横劈36刀，竖切72刀，一盆菜1 999根一根不少，“三丝”根根长80毫米，宽1.5毫米，这完全考验了厨师的刀工技艺。其后，按红白相间的顺序，将“三丝”填入茶盅，倒扣在用鸡、排骨、火腿三种原料熬制的高汤中。吃时揭开盅盖，汤汁澄清，入口滑爽，清淡嫩软，三种味型同时释放，融为一体。

“精扣三丝”这道菜是李伯荣的拿手菜，而李伯荣对烹饪技术的"高品质、精细极致"的追求，也体现了上海本帮菜细致却又不失大气的文化特色。对于本帮菜的特色，李伯荣总结为"四季分明、选料精细、讲究火功、粗细兼长"这16个字。精扣三丝就完美地体现了本帮菜选料精细和粗细兼长的美食追求。

大胆创新小心求证，精益求精方得经典

一走进老饭店，自上海开埠以来各个阶段的照片便不断映入眼帘，人们仿佛穿梭于20世纪上半叶的上海滩。特别是三楼的包厢区域，通过极富年代感的道具摆设营造了老上海特有的灯红酒绿的气氛。各个包厢的设计独具一格，有优雅奢华的欧式包房、古色古香的石库门式包房等；包房的命名也同样别具匠心，有以"石梁夜月""黄浦秋涛""龙华晚钟"等"沪上八景"命名的八间"石库门"式包房，流露出浓厚的海派气息。这些人文气息浓厚的建筑深深地体现出了这家百年老店的文化内涵。

除了历史沉淀所带来的厚重感之外，上海老饭店的菜肴也无不有着其独特的魅力与风格。

任何生物都有生命周期，作为菜肴本身，从菜品的研发、探究到尝试与推广，成功的菜品被人们所铭记，否则，淘汰淹没。所谓创新，并不是简单地变换花样，也并非一味地去开创新式菜，而是在传承经典的同时，又更符合日渐变化的口味，从生活中来，又回到生活中去，经过岁月的洗礼和公众的认可，愈久弥坚，最后成为经典。

既然作为经典的口碑菜，大众要品尝的就是其原汁原味。"老菜"经过时间的磨炼，被一代代人接受认可，成为百年老字号必不可少的品牌特色。而新式菜要被公众接受和认可还需要时

间，而且风险也很大。

在走访上海老饭店时，我们了解到，上海老饭店也在与时俱进，寻找机会进行跨界合作；不断开拓市场，来宣传自己的品牌。上海老饭店会根据中国传统节日和时令推出新的菜品，如净素月饼、外卖年夜饭礼盒等。除此之外，上海老饭店还致力于打造时尚海派婚宴，融合其中的江南风情、海派文化以及怀旧氛围可以让客人在此体验一场20世纪30年代海派的时尚婚礼，其婚宴服务方面也彰显了上海的人文特色。

百年文化商业价值，实践思考学以致用

通过本次百年老店寻访活动，小组成员充分认识到商业文化是打造专属品牌的重要力量。近年来，餐饮行业异军突起，在饮食文化不断被同化的趋势下，地域文化被再次唤起，或者说地域文化认同的重要性开始凸显。几大菜系特征，各类烹饪技艺，都成为显性消费因子。随着上海社会的变迁，这种地域饮食文化也存在传承的问题，集中表现为文化认同危机。在老饭店本帮菜文化传承与发展过程中，传承人对于传统的烹饪理念的新解读，外来饮食文化和现代饮食理念对于本帮菜文化不断提出的新挑战，这些皆是都市化大背景下关乎本帮菜文化认同危机的重要议题。上海老饭店作为百年老字号，有责任传承和发扬本帮菜。上海老饭店坐落于豫园内，紧邻外滩，与繁华的陆家嘴金融、商业中心遥江相望，是上海传统文化与现代魅力的交汇点。它的商业价值不仅仅在于一道道精美菜肴所体现的美食文化，更在其背后历久弥新的老字号品牌。

通过本次百年老店寻访活动，小组成员还充分认识到饮食文

化消费正成为新的竞争力。本帮菜的发展成就了上海老饭店。作为为数不多的主打本帮菜的百年老字号，上海老饭店在当下仍然具有活力和持续经营的动力。上海老饭店紧跟时代的发展，懂得把握机遇，最重要的是它对于本帮菜的刻苦钻研，稳固了本帮菜的根基，使其在上海滩上打响了名号。我们在对上海老饭店和本帮菜的历史源头、发展现状和菜品特色展开寻访时发现，上海老饭店之所以能在黄浦江畔经久不衰，最重要的是打造出了属于自己的品牌美食文化特色。百年老字号的头衔并不是上海老饭店长期生存的根本动力，如何发挥老字号在现代市场经济里的最大价值，在菜品的文化打造和文化阐释上还留有更多的空间。

西湖饭店

——悠久古韵，地道杭帮

寻访人员：娄心怡　嵇思劼
指导老师：于振杰

杭帮菜从历史出，西湖客自风雨来

“水光潋滟晴方好，山色空蒙雨亦奇。欲把西湖比西子，淡妆浓抹总相宜。”宋朝文人苏轼的《饮湖上初晴后雨》古往今来勾起人们多少对于杭州美景的遐想。在来来往往者大饱眼福之余，还可以大快朵颐，这就是杭帮菜的魅力。众所周知，在民以食为天下的中国诞生了八大菜系。不同于享誉全球的川菜，杭帮菜多少让人感觉陌生。杭帮菜，又名迷宗菜，是浙江菜系的一个分支。杭帮菜最早起源于南宋时期，今人对于南宋的了解和评价，可能仅仅局限于其羸弱的军事力量，但不能否认的是两宋的经济发展繁荣，后世的经济学家研究表明，南宋的GDP稳居当时全球榜首。在富足的生活条件下，南宋人民对于生活品质有着胜于前朝的追求，饮食方面从一日两餐发展到一日三餐，而作为当时的首府临安的杭州，其杭帮菜的发展也受到了极大的推动。一如一方水土养一方人，一方水土也育一方菜。食客们居于杭州小楼之上，观赏春光湖色，沉舟侧畔，极大的兴味已不需要味蕾上的强烈刺激，因此杭帮菜最重要的特色即是以清淡为主，以咸为主，加以淡淡的甜，调出微妙的鲜。可以说在上海本帮菜之前，杭帮菜对于上海居民的口味和烹饪风味的形成有着深远的影响。

作为上海仅存的中华老字号杭帮菜馆，西湖饭店经历了一段漫长的蜕变。1990年代后，杭州一些著名饭店纷纷到上海开设分号，为了迎合上海本地人的口味，杭州的餐饮管理者在保持杭帮菜特点的前提下适时地调整口味，口味逐渐与上海本帮菜融为一体。一时间，杭帮菜风靡沪上。然而，时过境迁，近些年来，这些杭帮饭店却在沪少有露面。西湖饭店，作为新中国成立前就存在的上海最早的杭帮菜馆，经历了几十年风风雨雨，博得了现有的美名。如今的上海西湖饭店地处四川北路1807号，平时人流量密集，地理位置十分讨喜。西湖饭店在四川北路上已有几十年的历史，是一代老上海人的回忆。对于他们来说，三不五时地约上几个好友来这里点一碗鳝丝面，谈谈感兴趣的话题已经成为一种习惯。据老上海人所说，上海西湖饭店的西湖醋鱼和东坡肉十分有名，虽然是杭州菜，但也是他们儿时的美食回忆，如今每每想到这几个招牌菜，都还是垂涎欲滴。

悠悠古韵妙诱人，各领风骚数百年

我们来到上海西湖饭店的实地考察。在市中心一众现代化的建筑中，西湖饭店古色古香的门面将杭州浓妆淡抹的韵味展现得淋漓尽致，加上中华老字号的金字招牌十分吸人眼球。饭店有三层楼面，千余平方米的面积，西湖饭店的装潢也处处展现着悠久古韵。这使人对这家饭店的第一印象加分不少。

西湖饭店一楼大堂早市和午市会供应特色面条和商务套餐，包括西湖饫面、东坡肉面、鳝丝面等。此外，一楼大门旁另设外卖窗口，从早上8点一直到晚市营业结束，全天供应东坡肉、东坡焖蹄、风味酱鸭、卤味牛肉、时令冷菜等，还供应肉包、菜包和豆沙包等点心，品种非常丰富。西湖饭店的客源大多是四五十岁及以上的老上海人，他们一般以家庭聚餐和公司聚餐为主。一楼专门用于中午的客饭、快餐，而晚上客人则主要是在二楼点餐。二楼大厅装饰温馨可人，洋溢着一派喜庆的氛围，红椅子配白桌布，这也是国营老字号的标配。全场共20余个圆台面，可供100余人同时就餐。午、晚市供应特色杭帮菜和本帮菜，也是婚庆寿宴的理想场所。至于三楼的9间包房则分别以杭州风景胜地为名，如苏堤厅等，各具特色。

翻开西湖饭店的菜单，我们不难发现，西湖饭店的菜品十分丰富。从时蔬到海鲜，从招牌热菜到特色小吃，每个菜品看上去都十分诱人，且菜肴价格亲民，不走高端路线，大众化消费的策略也在菜单上得到了充分的体现。细心的负责人还将菜品分为了3 ~ 5人份和8 ~ 10人份两种不同的菜谱，这一人性化的设计，让食客不用担心菜品不够或者浪费的问题，充分显示了中华老字号的优质服务理念。

故步自封渐没落，博采众长引发展

在我们用餐的时候，作为一家历史悠久的老店，前来西湖饭店用餐的人并不是很多。我们很快就发现了原因。在餐饮业竞争日渐激烈的今天，上海西湖饭店仍保持他们浓重的老上海韵味，成为一家极富特色的店，但它在许多方面却远不如餐饮业的后起之秀，这也使它面临着巨大的竞争压力。究其原因，主要有以下几点：

首先，西湖饭店的菜以浓油赤酱为主，重油重盐，忽视了菜肴本身的鲜美。东坡肉作为杭州最有代表性的主打菜，十分考验饭店的菜品质量。对于一些老上海人而言，他们对于西湖饭店东坡肉的评价极高。肥肉入口即化，瘦肉又香又酥，特别是一口咬下去，肥肉连着瘦肉的微甜口感，令许多人流连忘返。但是，我们在品尝的过程中却发现西湖饭店的东坡肉脂肪含量颇高，而也许是为了口感的考虑，连东坡肉的酱料也是十分油腻的，不禁令人担心它的胆固醇是否可能过高从而影响到食客的健康。美极茶树菇虽然鲜美，但由于是油炸的，茶树菇又十分容易吸味，原本茶树菇多汁的特点被全部抹去，使人吃起来满嘴油腻。而杭椒牛柳一味地想要肉嫩而导致淀粉过多，忽略了牛肉原本有的鲜美，影响口感。杭帮菜之所以能进入中国新八大菜系之一，关键就在于其本身杭州菜的特色。菜肴做工精细，烹饪少油少盐，这才应该是杭帮菜代表饭店应该有的品质。如今，大多数食客们在选择餐厅时，不单单追求口感，还注重健康的饮食，更不用说那些本来就上了年纪的老上海人。每个餐饮人都应该将食客的身体健康放在首位，如何在保持美味的情况下，改善菜肴的营养价值是西湖饭店首要思考的问题。

其次，对如今的餐饮业来说，味蕾已经不是决定一家饭店成败的唯一条件。一些餐饮的细节，往往更能体现一个饭店的品质。西湖饭店的菜式中规中矩，没有任何摆盘，虽然过于花里胡哨的装饰会使人觉得很多余，但是好的菜色会使人食欲大开，为整道菜添色不少。而在我们尝试的几个菜品中，除了象征性地摆了几朵花之外，几乎和家里的摆盘无异。这让人多少有些失望，厨师对于细节的忽略直接影响到顾客对于菜品的期待值，可以说至少在我们用餐过程中，没有体会到厨师对于菜品的真心实意。据我们所知，西湖饭店近几年来的菜单一如既往，没有任何菜式上的推陈出新，使许多顾客产生了味蕾上的疲惫。而水涨船高的价格与日益稀少的菜量又成为西湖饭店又一致命的缺点。长此以往，如何能抓住顾客的胃，留住顾客的心？

另外，“服务”往往是顾客除了菜品外，给饭店打分的第二参考项。现在许多人往往愿意以高价格去购买一个贴心的餐饮服务，只为在用餐过程中能够吃得开心，比如以服务闻名的“海底捞”火锅店，其实口味与其他火锅店相比并没有特别突出，然而人气却异常火爆，这是因为其高质量的服务吸引了许多“回头客”的光顾。而上海西湖饭店服务员的服务态度往往被大多数食客所诟病。服务员态度冷淡，在食客就餐过程中，时常扎堆聊天，并没有把服务客人作为宗旨。在礼仪方面也十分疏忽，服务员在招待客人时，时常面无表情，语气冷淡，从不直视客人，而对于一些问题的解答也显得非常不耐烦，这让消费者感到十分不适。西湖饭店若想维持美名，必须在服务态度上下功夫，给予食客更多的尊重。

最后，从改革开放以来，城市生活节奏越来越快，越来越多的年轻人开始推崇网络文化。许多餐厅不但在店内安装了无线网络以使年轻人就餐更加舒适，而且与许多第三方网站合作，推出了优惠买单等措施，食客只需要动动手指，就可以完成网上的优惠付款。而上海西湖饭店却沿袭旧制，店内至今为止还在手抄点单。不仅与各大美食网站没有任何的合作，就连WIFI的安装和基础的支付宝付款也没有跟上，这就显得有些滞后于时代了。其实，西湖饭店在一楼设立的外卖窗口完全可以与美团等外卖公司合作，将外卖投递到顾客的家中，以刺激顾客的消费。老字号虽然以古色古香为特色，但若经营者不懂得与时俱进，不会将电子化设备和网络很好地运用到自己的服务过程中，一味地停留在人工服务阶段，这不但会消耗时间，对企业的经营管理也是有百害而无一利的。

在用餐最后，我们从一楼的负责人那里得知，西湖饭店马上就要拆迁了。在这么繁华的地段，我们就餐时，也只发现寥寥无几的食客，如此看来拆迁就变成了情理之中的事情。在市中心经营多年的饭店即将画上句号，不禁让人唏嘘，在网红餐厅“百花齐放”的今天，西湖饭店只有重视顾客消费需求变化趋势，紧跟时代发展脚步，充分利用市场机制，努力创造最好的经济效益，争取达到经济效益和社会效益的和谐统一。才能更稳固地延续下一个百年辉煌。

上海锦江金门大酒店

——中西结合，享尽盛名

寻访人员： 尹海燕　王　丹　余丽芳　尹雁蓉　余冬忆

指导老师： 于振杰

做客金门中，犹记抗战情

上海锦江金门大酒店坐落在黄浦区南京西路108号，交通位置极为便利。远远望去，酒店大楼被掩映在周边的商厦和高大苍翠的行道树中，貌不惊人、古朴质拙；慢慢走近，发现它少了游人如织的繁华和摩肩接踵的纷扰，却多了一份岁月积淀的静谧和端庄。

上海锦江金门大酒店的前身是华安合群人寿保险公司（简称华安大楼），大楼由美国人设计，斥资70万两规银建造，于1926年5月正式落成，至今将近有百年的历史。它有别致的外形、高大的石柱、精美的雕花，匠心独具的钟楼和金碧辉煌的镏金圆屋顶。尚未走进，意大利宫殿式的建筑便让人心醉神迷，遑论绚丽、气派堂皇的内装，令人叹为观止。

华安人寿公司是当时上海租界内罕有的华人独资企业，而华安大楼从各个方面来看也都是首屈一指的。1927年北伐国民革命军进入上海后的第一面国旗就是在这幢大楼的楼顶冉冉升起的；1931年，来华调查“九·一八”事变的国际联盟调查团入住的也正是这座华安大楼。这些举动在当时无疑增长了中华民族的志气。

1933年，香港华侨租下这幢“中国人寿保险第一楼”，开设了金门大饭店，以先进的设备和欧化的装饰吸引了四方来客，商贾名流纷至沓来，连当时的传奇歌后李香兰也是金门饭店的常客。1945年秋，抗日名将张灵甫将军还在金门饭店与第四任太太王玉龄举行婚礼，上演25岁年龄差的忘年恋。2014年张灵甫将军的遗孀王玉龄女士还曾带儿子张道宇先生来到金门大酒店，重游故地遥想当年岁月。抗战胜利后，饭店在底层特设了芷江厅，用以纪念日本侵略军在芷江向中国军队呈投降书的事件。金门大酒店的爱国之心可见一斑。新中国成立后酒店改名“华侨饭店”，接待了大量来沪探访亲友、观光旅游的华人华侨。直到1992年，它才恢复了金门大酒店的原名，次年被当时的国内贸易部认证为“中华老字号”企业。

金门焕新生，名馔引来客

说到上海锦江金门大酒店，还有一个人不得不提，那就是上海锦江饭店的创始人——董竹君女士。“锦江”拥有悠久的历史，最早可以追溯到20世纪50年代。锦江饭店最初由近代企业家、中国女权运动的先驱董竹君，于1951年在上海创建。酒店所在的原华懋公寓建于1921年，即上海人惯称的“十三层楼”。锦江旗下有锦江饭店、和平饭店、国际饭店、金门大酒店、新亚大酒店、新城饭店等多家老饭店，这些建于20世纪二三十年代的老饭店，在半个多世纪来，先后接待过百余个国家的四百多位国家元首和政府首脑。这些具有深厚文化底蕴的老饭店是“锦江酒店”独特的优势。金门大酒店作为其中的佼佼者，也曾多次接待过诸如南斯拉夫总统、意大利米兰市市长等重要宾客，客人无一不交口称赞，一时声誉斐然。

为顺应时代发展，酒店多次进行改造，在保留了原有外形的同时，又增添了现代化的内部设施。酒店现有客房183间，房内设施一应俱全，特色各异，可供不同需求的客人选择。商务中心为客人提供复印、接发传真、上网等便捷服务。酒店还设有中餐厅、西餐厅、酒吧、多功能餐厅及各类大小包房，可供客人一日三餐。在多功能餐厅，还可举行各类宴会、冷餐会、联欢会和报告会。八楼的地中海意大利情调餐厅提供由资深名厨主理的闽、潮、粤等各式中西名馔，“佛跳墙”这一特色佳肴赢得了各路美食家的青睐。

金门佛跳墙，选用鱼翅、海参、鹿筋、鲍鱼、鱼唇、干贝、广肚等二十多种上品海鲜，加入多种辅料，酿入酒坛煨炖而成，其香味竟吸引佛门弟子越墙破戒，大快朵颐，故又名醉罗汉。佛跳墙开坛掀叶后，绍兴老酒的醇香与荷叶的清新便扑面而来，细看坛中，发现汤浓色美，令人食指大动。一勺入口，味醇汁浓，各色食材丰富的胶质在口腔里碰撞，有令在外漂泊的侨胞魂牵梦萦的味道。佛跳墙是闽菜里的金字招牌，金门佛跳墙在酒店名厨的改进下更具独特的风味，还曾有幸作为国家领导人在99《财富》论坛年会上宴请世界500强嘉宾的头道菜，深得好评。

硬件受限制，酒香怕巷深

上海锦江金门大酒店在20世纪以金碧辉煌的建筑、欧化的设备和追求完美的服务闻名上海滩。为了更好地了解酒店的现状，我们于7月8日来到金门大酒店展开调查。通过对路人的采访，我们发现有超过一半的受访者从未听说过金门大酒店，且大多是年龄在45岁以下的中青年；而年龄在45岁以上，特别是60岁以上的人群则对金门大酒店有较高的评价。采访中，一位老上海人回忆了20世纪80年代，自己陪同父亲在金门大酒店接待来自香港的亲友的情景。近40年前的事情，她仍记忆犹新，因为当时能在金门大酒店招待亲友是极为体面的，宴席上的菜肴也成为她至今难以忘怀的美味。当问及近年是否来过金门大酒店的时候，她则摇了摇头。随着时代的发展，越来越多现代化的酒店入驻上海，人们也更加青睐各式快捷酒店。金门大酒店这样的老字号品牌由于宣传不到位，已经被人们渐渐淡忘了。我们建议酒店可以开设相关的微信公众号，推送酒店的动态，扩大宣传，增加酒店的知名度，用“老字号品牌”这一独特优势吸引更多的消费者，尤其是年轻消费群体的注意。

由于建筑的年代较为久远，虽然酒店也曾多次装修翻新，但随着时间的推移，规划设计上的缺陷开始逐渐显露出来。如酒店的两部电梯狭窄逼仄、空调外机的噪声太大、客房内的设备不尽如人意等。同时，酒店没有配备单独的停车场，客人只能根据情况在周边自行停车，十分不便。加之建筑面积有限，虽是四星级的酒店，但缺少相关休闲类的场所，吸引力较弱。针对以上情况，我们采访了金门大酒店办公室的相关负责人杨女士，她表明由于酒店是保护建筑，诸如电梯这类保留20世纪风格的内装是不允许随意改造的，客房内的设备设施，酒店会根据实际经营情况，定期并分批更新。我们的建议是希望酒店一方面能定期排查内部的设备设施，及时更新换代，多多听取客人的意见，努力改进不足之处；另一方面可以利用自身的优势吸引热衷文艺复兴风格的建筑爱好者前来参观，或是积极承办保护古建筑、弘扬传统文化、回顾老上海风情的活动，树立良好的形象。

“继承、创新、发扬”——老字号永恒的主题

时代的脚步匆匆向前，不少旧事物在大浪淘沙中一蹶不振。而老字号作为中国商业文化中一颗璀璨明珠，如何才能在时代的浪潮中站稳脚跟，勿使明珠蒙尘？这既是老字号品牌继承者关注的重点，也是我们商科学子需要思考的问题。

通过探访上海锦江金门大酒店，我们对老字号品牌发展有了自己的心得和体会：

一是要加强宣传。随着文化的交流与传播，越来越多的外来文化传入中国，形成了新的消费趋势。如在韩流的影响下，越来越多的年轻人学韩剧中的人物穿衣打扮，吃韩国料理等。老字号代表着中华优秀传统文化，应该主动加强宣传，通过新媒体营销、植入电视剧、参与制作诸如《舌尖上的中国》这类展示传统文化的节目等方式，扩大企业知名度，积极地让老字号品牌走进人们的视野，成为新的消费向导。

二是要推陈出新。人在故步自封中被淘汰，老字号品牌亦然。老字号的继承者要紧跟时代发展的步伐，创新工艺，不断推出新产品。如餐饮行业可以汲取西餐、日料等的优点，改进菜谱

和烹调方式，吸引消费者。

三是要与时俱进。随着移动端的发展，人们越来越离不开手机。老字号品牌可以抓住这一机遇，让科技为其服务。餐饮行业可以推出使用微信、支付宝支付的方式简化收款手续，还可以加入美团外卖、饿了么等订餐软件扩大外卖业务。

锦江饭店

——深邃底蕴，复古情怀

寻访人员： 顾静怡　顾文婷　詹美秀

指导老师： 刘陈鑫

几经岁月观变迁，历史悠久盖百年

随着岁月的流逝与历史的变迁，上海逐步摆脱了小渔村的形象，开始紧跟时代的步伐，凭借独特的地理优势脱颖而出，被誉为“东方巴黎”。作为一座国际化大都市，遍地是高楼大厦的繁华，却也不乏复古怀旧的一面。其中，历史悠久、古色古香的传统百年老字号品牌，历经岁月的沉淀和考验，依旧以顽强的生命力留存了下来，勾起了一代人的回忆，成为永恒的经典。

“锦江饭店”品牌始现于20世纪30年代，其前身是传奇女性董竹君创办的“锦江川菜馆”。1951年6月9日，锦江饭店正式挂牌，成为新上海第一家国宾馆。后几经修葺改建，逐渐形成五幢建筑夹两座花园的格局。至今饭店共接待了500多位国家元首和政府首脑，对中国外事活动和旅游事业的发展做出了重大贡献。此次社会实践，旨在深入了解该品牌的特色，挖掘品牌背后的人物轶事，传承文化精髓，分析社会认同程度，并对其服务管理等方面提出建议。

深邃底蕴作利剑，披荆斩棘勇向前

作为一家百年老店，能在时代日新月异的发展中留存至今，必有其独特的亮点和不同凡响之处。饮誉海内外的锦江饭店，首任董事长是被誉为“中国的阿信”的奇女子——董竹君。可以这样说：没有董竹君，华懋公寓、格林文纳公寓可能也会改建为宾馆，但不会称为“锦江饭店”。

1951年6月9日，锦江饭店挂牌，一代儒商任百尊，成为锦江饭店的第一任经理和锦江集团的奠基人。他倡导诚信服务的理念，制订了“润物细无声”的锦江服务标准，倡导服务工作要“一摸、二知、三轻、四快、五勤、六有人”；要求员工在岗要“十到”：人到、眼到、耳到、鼻到、手到、脚到、礼到、心到、神到、脑到；他还创造了“原汁、原色、原味”的锦江美食，“色、香、味、形、质、营、器、名”八大要素俱全。

鉴于人们对锦江饭店“庄严有余，亲切不足”的刻板印象，饭店公关部深入调查公众的心理及其消费结构的变化，提出“打破森严的壁垒，开门迎客”，并以此为中心开展一系列全方位的公关活动，在保持高贵、豪华特点的同时，努力打造出亲切平等大众化的另一面，以塑造饭店的完美形象和品牌特色。

传统英国哥特式建筑风格，现代式八字公寓，四层炮台式公寓，配上富丽堂皇的装饰，在庄重中不乏典雅，是上海锦江饭店独特的建筑特色。

自成一家的锦江烤鸭，从1960年代推出至今，已有多位中央领导同志及世界各国100多位国家元首和政府首脑品尝过，均为之赞叹不已，成为蜚声中外脍炙人口的著名风味美食。1972年，《中美联合公报》在锦江小礼堂发表，锦江饭店见证了一个个重要的历史时刻，彰显着浓厚的历史文化底蕴和政治色彩。

对于百年老店而言，不仅要延续经典，而且要开创未来、与时俱进，才能不被长期竞争的市场淘汰。通过问卷法和访谈法，我们小组对锦江饭店的未来发展有以下几点建议：

其一，加强宣传力度。“上海锦江饭店有限公司”是一个传统的品牌，根据调查问卷和采访情况显示，人们对于该品牌的了解程度不够。可能是国宴级饭店脱离了普通居民的消费层次，不能被大众群体所关注，因此锦江饭店更需要加强自身历史背景、文化底蕴、品牌特色等方面的宣传，发扬和传承优良的传统文化。特别是饭店年轻一代的工作人员，要加强对该品牌历史文化方面的认知，主动向顾客传达有关知识，让每位来过锦江饭店的人，感受到该品牌的魅力。

其二，提升服务质量。据采访者反映，不同楼栋的服务态度和质量有所差异，导致整体的服务质量不够均衡。作为服务性行业，要始终将顾客作为上帝，无论是国家领导人，还是普通消费者都要一视同仁地对待。特别是五星级饭店，更应该在服务方面做出表率，做到微笑服务，擦亮城市的名片。

其三，推出优惠折扣。人均700元对于普通消费者而言价格过高，在问卷调查和被采访者中，消费者纷纷提到了降低价格的诉求。也许，对于一直以来走高端路线的锦江饭店而言有失身份，但价格并非越高服务就越好，利用节假日向普通消费者提供优惠折扣，提高菜品的性价比，提升品牌的口碑还是必要的。

其四，挑战创新领域。在当下竞争环境中，要有危机意识，一味地传统未必会赢得时代潮流，因此在传承中要有创新和突破，不断注入新鲜血液，才能迎合不同人的口味。

清倌创业立餐馆，锦江承志续传奇

从锦江饭店刚创立时，自强不息、坚忍不拔便成为锦江植入骨中的精气神。一如锦江的创始人董竹君女士跌宕传奇的一生，从无依无靠的烟花清倌人到斡旋在上海滩名利场中的女强人，她用匠心独具的品位和勤勉不懈的努力完成了人生华丽的逆转。而在新中国建立之后，她把菜馆改名为“锦江饭店”。又将自己16年来所赚的15万美元、饭店以及住宅都捐献给国家。就这样，锦江饭店成为上海第一家国营餐馆，之后更转型成为花园式饭店。

锦江饭店前身的传奇故事与董竹君的传奇人生虽然逐渐远去，但是这样不俗的历史底蕴却成为锦江饭店孕育出卓越商业文化的温床。自由、尊严、抗争是董竹君及她那一辈的女性留给锦江、留给新中国的遗产。锦江的商业文化也脱胎于此。无论是精益求精的品质追求还是宾至如归的经营准则，锦江带给客户的体验都是完美的。这也是锦江近百年来数次转型却不见衰颓反而蒸蒸日上的缘由所在。

艰辛知人生不易，实践长知识才干

当我们来到了茂名南路59号上海锦江饭店。虽地处淮海中路附近，却少了市中心本该有的喧嚣，反而多了一份宁静和神秘，渗透着岁月的底蕴。

在锦楠楼大厅的墙上，悬挂着老式的黑白照片，印刻着上海锦江饭店一路走来的心路历程。我们在这片休息区驻步停留，浏览着这段封存的历史。碰巧，一位顾客也来到了此处休息，从他的诉说中，我们得知他是这里的常客，平均每周1 ~ 2次到锦江饭店会见朋友或谈生意，几乎尝遍这里的各家餐厅，还为我们推荐了季悦餐厅、天都里印度餐厅。他对于这里的服务质量很满意，指出这是一家传统的饭店，而服务、环境、建筑、文化就是这里的特色。之后采访到了一位外国友人，他十分热情幽默，认为锦江饭店的消费水平总体可以接受，早餐人均170元左右，但在服务上可以更人性化些。此次，我们共采访了近10位顾客、店员和负责人，他们因工作、商务、旅行、婚礼宴会，选择了锦江饭店，我们也有幸听到了他们的心声。

作为五星级的锦江饭店，高消费自然是必不可少的，在试吃环节我们综合了食客推荐和经费预算两方面因素，最终选择了天都里印度餐厅。餐厅以印度的风格和文化作为装饰，属于北印度风味。服务员特别热情地为我们推荐了招牌菜，我们点了咖喱鸡块、印度烤饼、印度飞饼、印度饺子、炒时令蔬菜、泰国香米饭，还悉心教我们如何食用。在实地走访中，我们看到了传统精华的留存，也看到了时代变迁中的创新。

对于百年老店而言，不仅要延续经典，而且要开创未来、与时俱进，才能不被长期竞争的市场淘汰。通过问卷法和访谈法，我们小组对锦江饭店的未来发展有以下几点建议：

“艰辛知人生，实践长才干”，通过探访“百年老字号”之“上海锦江饭店有限公司”，我们用身体力行的方式，对其有了深刻的领会。虽然总体上按计划有序完成，但在过程中也有一些不足之处，比如：问卷调查的年龄段过于集中在19 ~ 30岁，题目设计未必合理，采访时随机应变能力还不够，设想稍欠可操作性……

社会实践是每位大学生的必修课，是参与社会生活的一个主要途径，也为我们提供了走进社会、认识社会、适应社会的良机。通过此次“百年老字号”项目的社会实践，我们逐步了解了社会，开阔了视野，学会了吃苦耐劳和钻研，提升了综合素养。同时，在社会实践活动中，我们认清了自己的位置，发现了自己的不足，树立了坚定的信念，增强了社会责任感，并能对自身价值进行客观评价。我们希望借助这样一个平台，挑战自己、超越自己，不断突破瓶颈，爆发自己的小宇宙！

上海绿杨村酒家

——山外青山楼外楼，绿杨城郭上海滩

寻访人员： 田杭弋　迟珂然　李圣楠
指导老师： 梁　爽

山重水复疑无路，柳暗花明绿杨村

1936年，扬州文人阊斌甫和卢公明在上海创建绿杨村酒家，店名取自清代文学家王士祯“绿杨城郭是扬州”之佳句，暗示着酒家经营的菜点具有扬州风格。绿杨村酒家还曾博得著名书画大师美食家钱君陶的欢心，在其品尝绿杨村的佳肴后留下“国色天香，天厨妙味”的墨宝。

经过近百年的发展与衍变，绿杨村渐渐融合了上海菜风格。1930年代就以细致入味的扬州菜点蜚声海上。1940年，绿杨村酒家从四川聘请了川菜大师林万云掌勺，之后的绿杨村由“扬”入“川”，开川扬风味之先河，如今成为国家特级酒家，在中华烹坛享有盛誉。绿杨林高手云集，名师辈出，川菜宗师林万云等三杰技艺盖世，享誉沪上。尤其是菜肴具有选料精、刀工细、调

料齐、香头重、口味佳、营养高的特色。

栉沐百年，风风雨雨的老字号品牌，见证上海滩的繁华与变迁，它们不仅是一个城市风土人情和文化积淀的真实映射，更反映出人们对悠悠岁月的珍贵记忆。1963年上海绿杨村酒家被评为外宾接待单位，1978年被评为上海市十六家最具风味特色饭店。绿杨村酒家也是我国第一批被评为“国家特级酒家”和“中华老字号”企业的酒家。2007年绿杨村酒家传统制作技艺被上海市政府正式批准为首批上海市非物质文化遗产。

借问酒家何处好，路人遥指绿杨村

《舌尖上的中国》让中国人都知道了素有美食之都的上海本帮菜扣三丝的精致刀工，让人看到了中西结合在上海独特的魅力。然而上海餐馆饭店密密麻麻，各帮各派菜系林林总总，美味佳肴不胜枚举。许多老字号的饭馆，精明的上海人去排队也许只是为了吃那一道回味无穷的招牌菜，比如说有着七十多年历史的上海老字号——绿杨村酒家。

上海绿杨村酒家始创于1936年，以富有特色的川扬菜肴和淮扬细点而闻名遐迩。这家老字号的味道，几乎伴随着一代又一代的上海人成长。在20世纪40年代的上海，绿杨村酒家是最早成为汇集四川菜、扬州菜的精华于一身的特色酒家。他家的川扬菜既继承了四川菜的一菜一格、百菜百味、麻辣鲜香、味多、味厚、味浓的特色，又增加了扬州菜刀工细腻，制作精良，原汁原味的传统，在上海滩独树一帜。加之长驻南京西路近石门一路的黄金地段，因此宾客盈门，生意兴隆，名扬天下。四川菜和扬州菜结合古已有之，三国时期刘备在蜀国自然好食四川菜，而他的夫人孙尚香是东吴人士，喜欢扬州菜，由此引出一段“川扬联姻”的佳话。因此，古代就有经营川扬菜的酒楼。

结合川菜和扬菜，绿杨村有着自己独特的色彩。百年老字号得以传承最主要的原因一是全体员工对这份工作的热爱，态度认真，这样绿杨村才可能做好做大；二是传承的精神，绿杨村酒家之所以能传承这么久还能如此辉煌，经久不衰，靠的不仅仅是味道好，更重要的是传承的精神，老师傅带新徒弟并且把深受老一辈人喜爱的味道让年轻人也接受，正是这种精神和味道的延续才让绿杨村越做越好。菜包大概就是最好的例子，门口的包子铺从早上开门就排起长长的队，一直到晚上下班，这大概就是人们对于味道的执着，也是对绿杨村的肯定。

绿杨村的西点堪称淮阳一绝，有素材包、千层油糕、三丁包、萝卜丝酥饼等。招牌菜更是有干烧明虾、鸡火干丝、蟹粉狮子头、香酥鸡等。这些食物虽然看似简单，实则做起来很麻烦。但是绿杨村的大厨总是能做到恰到好处，这些都是源于绿杨村酒家师傅们巧用调味的看家本领和火功到位的绝活。

1996年，在香港成功开设香港绿杨村酒家。许多游客纷至沓来，只为品一下川扬菜的美味。著名的书画大师美食家钱君匋品尝上海绿杨村酒家的美味佳肴后，留下了“国色天香，天厨妙味”的墨宝，至今为人津津乐道。当年，美国前总统老布什访问上海吃了绿杨村的菜点，更是连声：“wonderful，wonderful”，对绿杨村的美味赞不绝口。

新世纪以后，绿杨村酒家的川扬菜肴和淮扬细点依然是上海人心中的经典美味。然而，改革开放的深入，风云变幻的市场，改变着中国的方方面面，连饭店酒家都要抛弃自己的传统追赶流行。作为时尚最前沿的上海，对任何领域的流行都是最敏感的。近几年粤菜、港式茶餐厅在上海发展迅速，成为时髦的代表。2009年，保持了近70年传统川扬菜的绿杨村也想赶一回时髦，与人合作开始改做粤式茶餐厅。然而，做着一手淮扬菜绝活的师傅们与这种流行的茶餐厅风格似乎格格不入，用他们的话讲:“一双做淮扬点心的手，怎么做港式点心?”离开南京路后店面的缩小，更重要的是酒店风格的改变，一些手握绝活的师傅纷纷离开绿杨村。丢掉了传统的绿杨村，经过了平淡的5年，终于下定决心，要找回丢失的传统。但是重拾传统，谈何容易。市场已经丢失，但是没有丢失的是上海人心中那经典的味道。要使绿杨村重生，第一件事要做的就是把原来的味道找回来。2014年绿杨村决定重新开业，但是首先要把原来的师傅们请回来。在点心领域，请回了新一代点心传人、点心高级技师卓文光，她拿手的金牌素菜包、萝卜丝酥饼、鸳鸯条头糕都将回归绿杨村，回归传统，帮助这个上海老字号获得灿烂的新生。

弃糟留精名五湖，推陈出新扬四海

也许我们只看到了绿杨村门口包子铺排着的长长的队伍，只看到了每天绿杨村酒家里的人满为患。这兴盛之下，是一代又一代的传承，是一颗又一颗的匠心。20世纪40年代，绿杨村就是上海最早汇聚川菜、扬菜精华为一体的特色名店，中国四大名菜绿杨村就独占半壁江山。

绿杨村的菜色看似简单，做起来却很费心。要做出恰到好处，对调料火候等方面都具有很高的要求。绿杨村的师傅们的匠心在这时就凸显得淋漓尽致。巧用调味，灵活运用油盐酱醋等，撒上花椒、胡椒等形成酸辣、椒麻等数十种各具特色的复合调料；火工到位更体现出绿杨村一代代匠心的传承，根据原料，集结灵活运用，将炸熘爆炒等一些菜肴的色香味发挥到极致。绿杨村的师傅们在这些方面总能做到一丝不苟。在点心领域，新一代点心传人、点心高级技师卓文光，她拿手的金牌素菜包、萝卜丝酥饼、鸳鸯条头糕。在烹饪上，几代绿杨传人延续着老上海熟悉的“淮扬三头”——狮子头、拆烩鱼头、红扒猪头。绿杨村酒家认为真材实料、高性价比的传统是根本，必须要保留。据说其素菜包，仅面粉就要处理十几遍，这是那些以短期投资为目的的餐饮企业做不到的。

绿杨村师傅们的匠心不仅体现在细心，还体现在创新。绿杨村酒家的菜肴不仅继承了四川菜的一菜一格、百菜百味、味多、味厚、味浓的特色，还增加了扬州菜的刀工细腻、制作精良、原汁原味的传统，独创出风靡上海滩的川扬菜。在传承经典的前提下，不断推陈出新，名菜名点层出不穷。

绿杨村有今日的盛名，在于坚守传统的同时又不断创新。1940年代，绿杨师傅们创造性地将川菜和扬菜结合，开创了川扬菜这一特色，从此名满天下。而且经过历代师傅的传承与发扬，开创和改良了许多菜品，制作出许多名菜，深受广大食客的欢迎。他们对于选材的考究，对制作工艺的专注，因此，即便是非常普通的素菜包子，也在全上海闻名，每次都要排队才能买得上。香菇青菜馅非常细腻，甜中带鲜的滋味，一口气吃上两个才过瘾。正是他们的精心与尽心，才让平凡的普通菜点也能深入人心，打动每一位食客。都说真正的大师不一定可以做出多么华美和精致的菜肴，而是让平凡变得不平凡，让菜肴有了生活，有了人间味道。所谓匠人，就是把事情做到极致，将腐朽化为神奇，用最真的心做出最真的人间美味。

精益求精，代代相传

通过这次实践，我们发现，相对于现在的美食潮流和各种各样令人眼花缭乱的精美造型，绿杨村酒家算不上翘楚，却胜在味道和招牌，生意一直不错。但想要越做越好，还需要创新。对此，我们建议绿杨村酒家可以创新更多的菜式，像是更想让人细细品来的鲜香味道，更健康均衡的营养搭配等。网络日益发达，绿杨村酒家也可以尝试有新的突破，让更多人有机会尝到绿杨村酒家的菜肴。另一方面，对于一家老字号店铺来说，如何继承传统，如何发扬传统都是一个命题，需要去探索。绿杨村酒家在发展的过程中曾经丢失自我，而随波逐流，差点就此湮没在潮流之中。后来重拾自身，挖掘特色，而再次焕发青春。由此可见，对于老字号而言，挖掘特色，发现特色，人无我有，就是立身之本，就能够有一席之地。

作为百年老字号，绿杨村酒家对于商标专利的意识还需要加强，并且要将品牌文化进一步深化。对于品牌的保护需要采取法律手段，现今有许多模仿的情形出现，创立品牌十分不易，保护自己的品牌显得很重要。品牌文化的建立，要将绿杨村酒家的成长历程作为一种财富，一种精神赋予这个酒家，赋予这个品牌，这样将会吸引更多的顾客慕名前来。

我们还发现绿杨村酒家在服务上面还需要提升。在外卖部的服务中，有些阿姨可能干了好多年，业务相当熟练，可能有时表现出的不耐烦或焦躁，从某种程度来讲对顾客有着或轻或重的影响。在服务过程中既需要讲上海话，有着浓厚的老上海味道，也要考虑到来自全国各地的宾客，要用普通话来提供服务，让更多人了解招牌菜包，了解绿杨村酒家，也让更多五湖四海的顾客尝到美味，品到人情。

我们希望像这样一直有独特味道的百年老字号继续传承下去，在当今中国国力上升，文化自信加强的当下，中国的饮食文化可以立足上海，面向世界，希望绿杨村酒家可以发展得越来越好，广纳贤能，推陈出新。

我们实践小组走近了我国长久发展的标志性品牌之中，走出历史的陈旧记忆，还原了一个个在21世纪依然熠熠生辉的老字号，不仅让我们了解到这些老字号的过往和成长历程，油然而生一种自豪感，还让我们了解到这些老字号如何适应新时代经济社会发展的需求，不断突破自己，与时俱进的精神。实践活动虽然是在炎热的7月，但是我们却坚持不懈，顶着高温闷热，追求实地走访，真切了解老字号的现状，带着满腔的热情，想把这名噪一时的老字号故事继续下去，让更多年轻人所知悉。过程中，锻炼了我们的团队协作能力和沟通能力，也让我们深深体会到做事情的不容，但是一旦用心去做，就会有很多收获。通过这次实践，我们对生活对自己有了了解，在我们的寻访对象身上也发现了许多闪光点，我们会学习绿杨村酒家师傅们身上的匠人精神，坚守创新，精益求精，认真对待工作，认真对待事业，认真对待生活，这种态度值得我们一生学习和践行。

湖心亭茶楼

——一池清水泡新茶，湖心亭楼甲天下

湖光沉醉酒佳茗，心境安恬似古亭

清乾隆四十九年（1784年），布业商人祝韫辉、张辅臣等人集资在凫佚亭旧址上改建湖心亭，作为布商行人聚会议事之场所。清咸丰五年（1855年）起开设茶楼，初名为是轩，后改为宛在轩，现仍恢复湖心亭旧名。这是座200多年前的古建筑，两层楼面，装饰得古色古香，红木桌椅，壁陈字画，宫灯高悬，铜盂低置，环境极为幽雅。整个建筑的外表更是飞檐翘角、玄瓦朱窗，巍然屹立于九曲桥池中央。湖心亭茶楼不仅是豫园商城的标志，也是老上海的标志。

作为上海最古老的茶楼，湖心亭始终以特色经营和弘扬茶文化为宗旨。早在1990年春，湖心亭就成立了上海第一支茶艺表演队。从此，湖心亭每年都会举办几场富有特色的茶会，如春天的龙井茶会、秋天的乌龙茶会，每逢中秋，湖心亭还有“竹丝茶艺赏月会”。此外湖心亭还定期推出春节“元宝茶”、每年一届的豫园国际茶文化节、高考“状元茶”以及“花茶节”等围绕湖心亭品牌而开展的系列营销活动。

悠久的历史使湖心亭成了上海最早研究卖茶之道的茶楼。早在1989年，湖心亭就已经做起了“喝好茶、品名茶”的文章了。每年春季新茶上市之时，湖心亭都会派专人深入到茶叶产地，将收取到的第一道新茶带回茶楼。而泡茶所用的水都是经过严格净化工序的，因而泡出的茶特别清香。湖心亭茶楼因其对“茶”及“茶文化”的严谨与执着吸引着越来越多慕名而来的中外来宾，更吸引了一些知名人士和政府要员。

风风雨雨，百年沧桑

湖心亭最开始是明代四川布政司潘允端所筑，是其私人园林——豫园的一处景点，名曰凫佚亭。时至清代乾隆四十六年（1781年），青蓝布业商人祝韫晖、张辅臣、孙学裘、梅君瞻集资购买湖心亭，拆除池中的小岛、假山、亭子，重建了高二层的六角亭台，并添筑了石柱、石梁、木栏杆的九曲桥，连接南北两岸及湖心亭，以方便进出。亭、桥于乾隆四十九年（1784年）竣工，这就是延续至今的湖心亭、九曲桥的格局，算来已有220多年的历史了。

清咸丰五年（1855年），青蓝布业将湖心亭出售，购得业主用它来开设茶馆，命名为“也是轩”，是上海滩最早的茶楼。湖心亭逐渐成为商人洽谈生意和游客品茗、会友的场所。清宣统年间，茶室主人因赌博亏空，于1910年将茶楼出让经营，并改名为“宛在轩茶楼”。湖心亭因其得天独厚的地理位置和清新、高雅的格调，一跃成为当时上海滩最高档的茶楼。1924年，湖心亭又加建了一个长方形的水榭式建筑，最终形成了湖心亭茶楼的格局。

为了适应对外旅游业发展的需要，1982年湖心亭茶楼大整修，历时一年多。竣工后的湖心亭茶楼面貌焕然一新，保留了古朴典雅而玲珑秀美的外观，内部装修更具书香气，实行上下堂分栏经营，增强了茶文化的内蕴，供应铁观音、碧螺春、西湖龙井等传统名茶。当年的民乐演奏也再度恢复，那曲韵悠扬的江南丝竹为古老的茶楼增添了动人的雅致。

为了迎接2010年上海世博会，提升湖心亭的窗口形象，百年茶楼经历了为期两个多月的维护保养工程。工程从恢复历史原貌的角度，加固整修、修旧如“旧”，力争呈现给广大游客一个原汁原味、古色古香的湖心亭：茶楼一楼、二楼顶部恢复，显露原本顶、梁、檐口等木结构外露的形式，体现明清建筑的本色；二楼北侧落地长窗按照1885年的原始照片进行恢复；茶楼的功能和布局进行了调整和提升；茶楼外立面灯光采用绿色、环保、节能的LED新光源，更好地凸显古朴典雅的建筑结构美。湖心亭二楼的特色茶以满足中高档宾客需求为主，而一楼的百姓茶却迎合了广大工薪阶层的需要。

特别值得一提的是，每天早晨的大众茶成为不少老茶客晚年生活中必不可少的一大乐趣。老茶客们几乎天天来此小坐，泡一壶茶、聊聊天。许多老人已在湖心亭喝了五六十年的茶，他们有的甚至说：“我们同湖心亭的感情不比自己家里薄啊！”

品茶香逸趣，传香茗文化

茶在中国历经千年，经过时间的洗礼愈发得浓厚香醇。茶似乎总与诗词联系起来，古代多少文人墨客写过关于茶的诗词。手捧一杯香茗，静静地阅读一本书或者吟诵一首诗又是多么的惬意。唐朝时李涛就曾在《春昼回文》中写道“茶饼嚼时香透齿，水沈烧处碧凝烟”，这一幕是多么的闲适与恬静。

茶给我们带来的感觉总是沉静、幽静的，而湖心亭茶楼也是这般沉静、沉稳。不论世事如何的变迁，不管沧海桑田，它似乎都如入定的老僧一般静静地悲悯地屹立于湖心亭中央。颇有一种“结庐在人境，而无车马喧”的意境，与世俗的一切都隔绝，但由于世俗紧密相连。湖心亭茶楼被誉为“上海第一茶楼”似乎也是凭着这份独有的沉稳与幽静的气质和浓厚的茶文化，而一举得名的，茶文化已经成为湖心亭茶楼的商业文化。

走进茶楼便能闻到阵阵茶香，一股古朴文雅的气息便扑面而来。一楼进门东侧，有一扇穹形月洞门，穿过去，便可看见一块挂着的牌子，上书“湖心亭茶道教师，演示茶艺之法，讲习评茗之道”；教室一隅的竹帘上高挂着一个雕刻而成的行草体“茶”字；迎面壁间挂着的一副竹扁上，刻着“香琴艺尽幽清”；四周的博古架上摆放着各式各样的紫砂壶和青花瓷杯等，玻璃器皿内饰各种名茶。随处可见的茶元素体现他们企业的茶文化。湖心亭茶楼每天晚上都会有江南丝竹，茶艺表演。不仅如此，每年中秋都会有“丝竹茶艺赏月晚会”，春节有“元宝茶”待客。此外还会不定期举办“品茶赏曲会”“茶文化书画绿茶会”和“国内外茶艺交流会”等，这些都是围绕着“茶”展开的活动，将茶文化广泛传播。湖心亭茶楼对茶以及茶文化的严谨与执着让他们能够吸引众多的中外游客来此品茗，感受传统且正宗的茶文化，也因而让这座茶楼屹立于湖心亭中央百年不倒，“茶”及“茶文化”是他们内心的坚守，只有真正懂茶爱茶的人才能做到这一步。

湖心亭茶楼在经营中融入浓厚的江南气息，如茶与沪上特色茶食相配套；茶与江南丝竹相结合；选择轻发酵的乌龙茶，加上自己独特的冲泡方法，使乌龙茶也适合江南人的口味，这一切浓浓的江南味或许就是我们平时所说的海派风格吧。应该说，湖心亭茶楼的这一海派特色已深深地吸引了众多茶客，许多人以能到湖心亭喝一杯茶为荣，还有许多他乡人到了上海非得到城隍庙走一走，看一看，到湖心亭坐一坐，喝杯茶，更有不少人，喝了茶还不够，还在柜台上买了许多湖心的茶具、茶叶，回家天天喝。

湖心亭茶楼之所以能够兴旺，持续二百余年而不衰，是因为适应了不同层次的消费需求。湖心亭茶楼上堂供应高档中国名茶，使用精致的各式茶具，而且冲泡十分讲究，自然吸引了不少高层次的来宾。而下堂的中档茶迎合了广大工薪阶层的需要。特别值得一提的是每天早晨供应的大众茶，非常实惠，吸引了许多退休工人，这些老茶客天天来此坐一坐，喝壶茶，这成为他们晚年生活中必不可少的一大乐趣。特别是现在，上海过去那种“老虎灶”式的茶馆已被基本淘汰，老茶客们已很难觅到低价喝茶的场所。

湖心亭茶楼近几年来，始终保持这一价格，据说虽然是赔本的生意，但是，这样做了，使得许多退休老人同湖心亭茶楼有一种特殊的感情，这一社会影响就大大超过了经济效益的一点“亏本”。许多老人已在湖心亭喝了五六十年的茶。一位老茶客将湖心亭的经营特色归纳为“体现茶文化的艺术性、江南茶馆的文化性、富有特色的休闲性和适应多层次的大众性”。小小的湖心亭茶楼以其宽大的胸怀接纳四方，接纳不同层次的顾客，这种大气谦和的文化在提升茶楼社会地位上起到了巨大的作用。

湖心亭茶楼他们企业最核心的部分便是“茶”，而最核心的文化也是“茶文化”，这也是湖心亭茶楼在经营过程中的理念，是一种知识，是一种精神，更是一种传承。

百年沉淀，茶香飘远

在整个百年老字号暑期社会实践活动结束后，我们相互交流了对整个实践过程的感想与体会。每个人都从这次百年老字号实践活动中学到了很多。既丰富了关于百年老字号的知识，也丰富了自己对于上海的了解。在实践过程中学习如何与人沟通，如何相互协作，如何依靠团队的力量来完成所有的工作。

我们在实践过程中发现，当如今不少茶楼已改走快消费路线的时候，被誉为“海上第一茶楼”的湖心亭茶楼，依旧坚守着茶文化的那一份厚重，茶香袅袅，老茶客们一边品茶一边闲语两三，自在惬意。外面的世界再纷乱，而这一切仿佛与茶楼无关，它就那么静静伫立在湖心亭中央，静静地，不管春来秋往，不管世事变迁，有种任凭它雨打风吹，我自逍遥安然之态。我们在对上海豫园湖心亭茶楼的调查过程中，了解了茶楼的过去与现在，也让我们看到这座历经百年沧桑的茶楼其内在的品质，那种谦和，那种坚韧，在采访许多过往的游客后，了解到茶楼的茶文化，以及其中的茶道、茶德、茶具、茶画、茶故事等。

感触最深的是通过问卷调查、对游客的采访、对茶楼负责人的访谈等，我们走出校园，走进社会，让我们从其他人眼中看到了许多。了解到原来英国女王伊丽莎白二世、加拿大总督、瑞典首相、柬埔寨国家元首、马耳他总统、澳大利亚总督、罗马尼亚总理、日本首相、挪威首相等国家元首都曾光临过湖心亭，原来这小小的茶楼竟然迎接过这么多国家元首，湖心亭的名字不仅享誉国内，在全世界也有相当的知名度。1986年英国女王伊丽莎白二世在湖心亭品茶时，当时全世界有三分之二的国家的电视台对此进行了实况转播。湖心亭茶楼1995年全年共接待外宾3.8万人。这家老字号不仅是豫园的标志，也是外国人了解上海、了解中国的一个重要窗口。

在湖心亭茶楼，不仅有国家元首这样的贵宾，也有大众市民这样的普通宾客，大家同在茶楼中喝茶品茗。这座茶楼的文化是上海这座城市精神的缩影，海纳百川，大气谦和，迎接着来自全国全世界的宾客，用一种淡然和热情接纳所有。在这里，每个人都可以体验到湖心亭茶楼的服务。正是这份胸怀才使得湖心亭茶楼名扬四海，并没有像有些店家因为名气和利益，将许多人拒之门外，始终以一种平和的态度去接待往来顾客。湖心亭茶楼虽然生于繁华的上海，却始终扎根在群众心里，成为许多顾客的近一生的陪伴。经商就是做人，做人才能做事。湖心亭茶楼的成长，是一代人的回忆，更是上海这座大都市的精神和脾气的代言。

洪　长　兴

——羊肉肥美，怀旧儿时

寻访人员：倪瑞聪　王　媛

指导老师：于振杰

为解温饱开饭店，无心插柳柳成荫

上海清真洪长兴餐饮食品有限公司是一家“中华老字号”品牌企业，是沪上清真行业的国有龙头企业。主营清真菜系及品牌“涮锅”，还有清真加工食品等多种产品。相传100多年前，北京的京剧班子逐渐没落，班子里的演员还要到上海跑码头。京剧名伶马连良的叔父马赐立和姑姑马秀英领衔的马家班经常到上海演戏。这个班子的演员几乎都是回族人，但当时偌大的上海滩没有清真饭馆，从台柱到鼓佬，吃饭都成了问题。角儿吃不好，嗓子就顶不上去。1891年，马连良的二伯马春桥（称为“马二爸”）决定在吕宋路（新中国成立后改名为连云路）租一间沿街面房子，开了一家“马家班伙房”，除满足戏班餐饮之外，还供北方来的商人搭伙，从此造就了上海第一家清真羊肉馆。

后来，马连良也到上海来闯荡江湖，并一炮打响。马连良下了戏台，也在马家班伙房吃饭。当时供应的品种仅有芝麻酱烧饼、羊肉馅饼、炸酱面及羊肉饺子。不久后加入了北方人爱吃的羊肉涮锅，从而生意蒸蒸日上。1918年，马二爸随马连良返京，就将伙房送给了一位人称“洪三爸”的回族兄弟，店名即改为“洪长兴”。

历经百年沧桑的洪长兴，现已发展成为享誉海内外的老字号品牌，上海清真餐饮行业的龙头企业。洪长兴除了经营羊肉火锅外，还推出清真特色炒菜及各色清真糕点。另外，洪长兴作为全国唯一一家清真餐饮企业，入驻2010上海世博会浦东AB、浦西DE两块片区，以优质的服务迎接来自世界各国的少数民族同胞和广大顾客。洪长兴在上海饮食行业中是响当当的百年清真老店。

精挑细选物奇珍，鬼斧神工作佳肴

洪长兴涮羊肉之所以名气响，主要在于选料精细、调料讲究。它用的是湖州、嘉兴、平湖等地的湖羊，羊龄一般在7 ~ 8个月；体重15千克左右阉过的公羊，肉嫩、膘足、没有腥膻味，切成20厘米长、5厘米宽、薄如纸页般的羊肉片，放在沸水中一涮；再以优质花生酱、卤虾油、绍酒、酱油、醋、乳腐卤、韭菜花、香菜等配成的调料蘸着吃，其味鲜嫩异常。

在这里，传统的铜锅、红红的炭火、白水清汤正凸显了清真宴的正宗。而其他羊菜也是香腴诱人，叫人百吃不厌。喜欢怀旧的可以去广西北路店，喜欢环境好的就来云南南路店。在食客们眼中，洪长兴是非常地道的涮羊肉馆，用的炭炉，具有原始的，复古的风味。很小的时候，1980年代吃涮羊肉都是用炭炉的，锅底就是白开水，现在这样的涮羊肉馆已经不多见了，取而代之的那些小肥羊，苏武牧羊，豆捞坊等，虽然满足了现代人的时尚元素，但却没有了小时候涮羊肉时的乐趣，食物始终是原汁原味的好！这里的热气羊肉味道真是一绝，价格稍贵，但很值得，涮好后沾上调料放入口中，有一股奶香味的鲜嫩羊肉顿时融化在口中，堪称人间美味啊！烤羊肉串有一股浓浓的孜然味道，羊肉咬劲十足，很紧实的感觉；这家老字号的葱油饼也是一大特色，味道很棒！涮完所有食物，在原来白开水的锅底中倒入米粉和吃剩的调料，这道汤也是鲜美绝伦的！

待人立业诚为本，屹立百年必有因

诚信一直都是中国的传统文化美德，而在经商上最早就有孔子的弟子子贡“君子爱财，取之有道”的故事流传。洪长兴能够屹立百年不倒，成为上海的老字号之一，除了过硬的菜肴品质之外，诚信经营更是功不可没。

一切商业活动都离不开诚信二字。而洪长兴作为一家百年老字号，诚信与赢利并重的作风也使得它在顾客中有着良好的口碑。广为大众所知的洪长兴涮羊肉无论是在食材选择、食品安全还是在餐饮服务方面都力求完美。涮羊肉所用的湖羊，每一只都是安全、绿色的，从不曾以次充好，滥竽充数，只有认真提高产品与服务的质量，保证不做虚假宣传、不欺骗顾客。公司尊崇“踏实、拼搏、责任”的企业精神，并以“诚信、共赢、开创”为经营理念，创造良好的企业环境，以全新的管理模式、完善的技术、周到的服务、卓越的品质为生存根本，始终坚持用户至上，用心服务于客户，坚持用自己的服务去打动客户。

传承创新当为先，与时俱进求发展

本次百年老字号寻访使我们充分体会到加强品牌价值塑造的重要性。每个行业都有百年老字号。不同百年老字号的区分度不仅仅体现在产品的形态、服务的流程等方面，而且更加突出在价值塑造这一根本上。价值塑造是该企业之所以成为该企业的核心，也是企业之所以持续发展的核心，是企业赢得未来客户的核心。价值塑造犹如人品塑造，是一个日积月累的过程，是一个愈久愈厚的过程，是一个深耕持久的过程。这种塑造从认知上成就了消费者的情感认同与品牌认同，成为消费者消费倾向与经营者品牌铸造的有机统一。基于此，我们也深刻认识到在新经济常态下，作为商科学子应如何解读或者参与新的商业文明的塑造。它使我们看到由较为注重利润的传统商业观向注重顾客需求的新型商业观转化的重要性。因为利润只是结果，而价值塑造则是商业精神的实质，利润唯有让位于价值，才能不断丰富和夯实品牌建设与发展的基石。

本次寻访也使我们充分认识到作为在校学生应该如何更好地通过实践来感悟企业的价值塑造。围绕客户和未来加强建设型优势，唯有多接触，多感悟，多实践，才能细化建设型优势打造的努力向度，使商科人在行业、产业发展的大趋势下把握人生发展的大机遇，成就事业发展的大动能，实现人生价值的大超越。

本次百年老字号寻访使我们充分认识到加强品牌策略长远规划的重要性。因为消费者代际原因百年老字号市场占有和缝隙在时间上会形成差异，曾经的忠实消费者随着年龄的增进会造成原有市场份额的隐形消退，在这种情况下，企业产品定位的局限将使市场过于狭窄从而忽略了更大的市场。根据消费者需求，企业应转变固有的思维模式，研发适合新时代的产品，只要用心创造特色产品去满足年轻消费者的需求，那么消费者就可以主动接受产品。以上的调研改变了我们对传统百年老字号传承维度的看法。老字号的传承不但需要不变的味道，更需要变化的创新策略。创新才能使一个企业有活力，更何况是百年老店？老店的百年历史不是保持原有管理模式的“资本”，百年历史更是在提醒我们要使老字号品牌与社会相适应，与时代相适应，与其百年的精神相适应，方可实现老字号在餐饮业的“久久为功”。

沧　浪　亭

——老字号的那碗面，够味

寻访人员：陈雪娇　周　薇　陈裕婕　卜　璐　熊梓唯

指导老师：胡　欢

清风明月本无价，近水远山皆有情

上海沧浪亭餐饮有限公司隶属于上海淮海商业有限公司，后者成立于1996年6月，是从事商业国有资产经营管理、国内贸易和实业投资的现代商贸企业集团。集团拥有控股企业15家，参股企业9家，委托管理企业4家，60余家独立核算企业；业务主要涉及商业管理、食品流通、餐饮和服务等。集团拥有一批中华老字号和名特优品牌，上海沧浪亭就是其中一家。近年来集团重视老字号的业态、形态的创新，如，对中华老字号、上海名牌、上海市著名商标“正章”，导入现代服务业新理念，引进国际先进设备，力争将传统“正章”品牌打造成洗涤行业的标杆；集团还探索老字号、名特优的组团式的向外拓展策略，将沧浪亭、洁而精、老大昌、老人和、味香斋等一批自有品牌引进闵行召稼楼古镇，开设餐饮一条街，形成名特优品牌的集聚效应。

上海沧浪亭于1950年5月开业，之后在50余年的历史发展中，上海沧浪亭曾经获得中商部的“金鼎奖”，被命名为中华餐饮名店，上海餐饮业著名传统品牌企业。2006年商务部重新认定中华老字号，沧浪亭被第一批重新认定为中华老字号企业。2009年被命名为上海市著名商标、上海市中小企业品牌企业。另有数十个品种被评为中国名点、上海名菜、上海名点、上海特色面等。经营规模也由开业时10平方米的小屋发展到如今20余个的连锁经营网点，包括一个配送部、切面工场，营业面积达到数千平方米。

面若相似味不一，人间至味沧浪亭

沧浪亭何以声名鹊起？关键在于它秉承传统，开拓创新。据沧浪亭总经理虞建骅先生介绍，为了让顾客吃得满意，他们坚持传统工艺不走样，开拓创新不停步，取得了较好的经济效益和社会效益。就以“葱油开洋面”来说，沧浪亭坚持用老母鸡、猪蹄、猪脚爪和汤骨一起熬汤吊鲜，用熟猪油煸炒香葱段和浸泡过的开洋，使“葱油开洋面”葱香四溢、开洋鲜美。

为了使面条更加好吃，沧浪亭投资采购先进的打面机，由专人用专门工艺制作面条。在制作面条过程中减少碱的投放量，保持面条本色味道。至于面粉，沧浪亭则坚持使用上海福新面粉厂为其生产的面条专用粉，这样制成的面条柔滑不黏，吃口有韧劲。由于沧浪亭的面类汤汁醇厚，鲜美至极，各式浇头色、香、味、形皆备，品种有数十种之多，如雪菜黄鱼面、酱爆猪肝面、八宝辣酱面、洋葱大肠面、葱油肉丝面、爆鱼面、虾蟹面、三虾面、三丁辣酱面、鳝丝面、京葱牛肉面等，选择余地大。许多食客专程赶到沧浪亭吃面，不少人成了沧浪亭的常客。一些品尝过沧浪亭面点的外国友人以及港澳台同胞，回去后在当地报纸上盛情推荐，赞誉“沧浪亭的葱油面扑鼻香”。有日本朋友向同胞推荐：“在上海如果想吃面，不要犹豫，去淮海路沧浪亭，品种丰富而且价格便宜，味道很鲜美。”

沧浪亭美食享誉沪上几十年，其魅力所在，源于经营理念的包容性。正如上海新亚富丽华餐饮股份有限公司党委书记兼副总经理沈潮涌先生所说，沧浪亭面向公众，以老、中、青消费者为主体，引导外国朋友和少年儿童消费。不断满足“吃”出实惠、“吃”出文化、“吃”出情调、“吃”出感觉、“吃”出意境的餐饮消费趋势，充分满足不同阶层的不同消费需求。

精益求精复流连，新式产品齐助力

“沧浪亭”对于食品卫生有着很高的要求，力求紧抓回头客。公司同时致力于走向世界，将中国的老字号发扬光大，让所有来华游人熟悉上海的味道。集团积极探索、发展生活服务类品牌。以“玫瑰婚典”为品牌的婚礼服务及定牌产品开发，“玫瑰婚典”节庆及国内外蜜月旅游活动、婚礼会馆、电子商务等板块迅速扩张。

昨日因成今日果，独特风格引传承

作为大学生的第一个暑假，我们参与了“百年老字号”的暑期社会实践活动，活动出行小组走访了上海沧浪亭餐饮有限公司，采访了这家百年老字号，对其进行了社会采访、问卷调查，就其营销现状、原因、结果进行探究，并进行横纵向比较，针对其现状提出问题，找寻对策。

根据我们对上海沧浪亭餐饮的资料收集，我们小组每一位成员都对如何宣传这家百年老店提出了自己的看法，我们希望通过这次暑期社会实践能够让更多的人感受百年老字号的文化魅力，尽自己最大的努力，为上海百年老字号的振兴做出贡献。

首先，百年老字号具有一定的企业优势。其优势具体表现在：传统的百年老字号，历史悠久，具备得天独厚的品牌知名度；支撑品牌的制作工艺独特，品质一流；已客观形成了多元化经营模式，具备了发展规模经济的潜在条件；技术人员较充裕，具备研制开发新产品的力量；各级主要管理者长期在本行业工作，具备了丰富的行业阅历；员工多数是在企业长年工作的职工，对企业有浓厚的感情与较高的企业忠诚度；拥有众多荣誉与称号的龙头产品，政府相对更重视企业的成长与发展；从发展连锁的数量与辐射面来讲，已初具连锁业态规模；已建立产品销售网络（食品厂产品销售）；饭店客房具有相对稳定的客源。

其次，百年老字号虽然拥有企业优势，但它还存在不足之处。具体表现在：品牌形象严重老化，品牌认知单一，品牌美誉度日趋淡化，具备相对品牌忠诚度的顾客群体年龄偏大，后备的潜在消费者群体对形象老化的品牌没有认同感，无法形成品牌吸引力；当前企业形象极不鲜明，难以获得顾客广泛的认识与关注，不利于企业形象的宣传与传播；没有深入研究并明确企业的经营理念，不利于统一全员的思想；内部管理模式不合理，无法提高运营效率与统一配置，无法整合各方面资源；管理制度不健全，在企业高速发展时必然失控；企业市场化导向不足，市场的研发能力十分薄弱，直接影响企业产品开发与市场拓展的针对性与准确性；营销方式与技巧简单、落后，无法实现效益最大化；人力资源配比不均衡，专职的营销人才及可作为发展后备的管理人才匮乏；品牌产品的制作无法实现标准化生产，难以保证质量与消费者口味的统一，尤其对发展连锁经营十分不利；人们对品牌根深蒂固的印象，给品牌延伸带来了困难，除非采取强势的宣传手段配合，但亦存在着一定的风险性。

我们小组就针对以上所列出的问题进行了研究，提出了一些措施：百年老字号的品牌可以通过时下一些年轻人喜欢的方式去创新，如可以设计卡通形象的宣传片等；企业内部可以改进管理模式；可以请与现代比较受欢迎的明星来代言，选择符合企业形象的代言人，可以提高企业的知名度；企业需要明确自己的经营理念，并将理念传达到每一个部门、每一家门店；需要改进管理模式，提高各方面的效率。企业应该记住这样一条古训："行百里者半九十。"不可有任何松懈、麻痹和动摇。

我们认为只要百年老字号能改善自身的劣势，它在市场上必定有很强的竞争力，它的发展机会还是很多的。具体表现在：食品消费市场十分广阔；国内的连锁市场渗透率很低（进入门槛较高）；餐饮市场增长速度很快；潜在的顾客群有待挖掘；广阔的区域市场有待开发；有许多潜在的内、外部资源可以挖掘并充分利用；国家积极鼓励发展品牌连锁经营，政策条件将日趋有利；已形成气候的中式快餐连锁企业不多；消费者越来越倾向消费名牌产品与服务。

为此，我们认为企业需要制订合理的目标，来实现自身的发展。目标：① 消除与改进企业的自身劣势，构筑起长期稳定而快速发展的平台。② 无论是发展连锁经营、品牌经营，还是规模经营、发展集团化，企业现行的，还明显带有国营体制遗留的旧有管理模式、整体形象以及市场操作水平都极难与之配伍，必须尽快改善，否则一切都是空谈。具体措施有：① 建立健全的企业行政、财务、人事等相关管理制度；根据长期发展目标，完善组织结构与岗位设置；研究并制订合理的激励机制与薪酬体系。② 形象上到位。深入研究企业的传统文化与时代潮流的契合点，以确立个性鲜明而又易于被公众接受的企业文化；设计并制订企业理念识别系统方案，企业行为识别系统方案，企业视觉识别系统方案；贯彻并实施方案内容。③ 营销上到位。深入研究食品厂之目标市场、产品策略、价格策略、渠道策略、广告策略与促销方式，并实施整合营销策划；研究并制订特许经营的拓展方案；通过内部甄选或对外招收、选拔出企业各经营单元所需的业务人才，组建一支高效的行销团队。

民以食为天，中国人一向注重饮食文化，而不同地方的食物又代表着不同地方的特色，代表着不同地方独特的文化。因此，每一个百年老字号品牌都代表着一种特色商业文化。

沧浪亭作为一个老字号品牌，本身就包含着老上海独特的意味。通过这次暑期社会实践，我们亲自品尝了店里的食物，体验了店内的氛围，更加真切地感受到这样独特的老上海情怀。以苏州菜著名的沧浪亭具有江南特色，木质桌椅和木雕窗棂使这里更添几分江南气息。来这里吃饭的很大一部分都是些忠实的老顾客。在寻访的过程中，只需问一个当地人，就能为你指明道路，可见其影响力之广。

几经历史遴选，沧浪亭在灿若星河的名店中脱颖而出。自开业以来，沧海亭逐渐形成自己的独特风格，自创的三虾面至今独家经营，另有葱油肉丝面、虾蟹面、百果松糕、条头糕、三鲜鱼肚、蟹粉口蘑等数十个品种。

这样的百年老字号的寻访活动不仅是寻找，更重要的是一种传承，一种对企业百年发展的商业文化的传承，让更多的人了解上海独特的饮食文化。

南翔馒头店

——醇香难忘的小笼汤包

寻访人员： 张恒芬　陈星羽

指导老师： 姜森云

曲径通幽老街处，食客不绝似当年

上海南翔馒头店，诞生于清末同治十年（1871年），目前已有上百年历史。由南翔镇日华轩点心店主黄明贤所创，后南翔镇人吴翔升关注到上海工商业的蓬勃发展，老城隍庙集市的空前繁荣，于光绪二十六年（1900年）选九曲桥畔原船舫厅旧址，即为如今的嘉定县南翔镇，创设了专营南翔小笼的"长兴楼"。后店名改为"南翔馒头店"，主营南翔小笼馒头。

南翔小笼馒头，起初名为"南翔大肉馒头"，后称"南翔大馒头"，再称"古猗园小笼"，现叫"南翔小笼"。据《嘉定县续志》记载："馒头有紧酵松酵两种，紧酵以清水和面为之，皮薄馅多，南翔制者最著，他处多仿之，号为翔式……"由于翔式馒头的面皮以不发酵的方法制作，故在20世纪二三十年代，南翔馒头就以“皮薄、馅大、汁多、形美”而名扬四方，成为上海乃至全国家喻户晓并喜欢的美味点心。一年四季随时随地都能看见有人在等候购买，有一列长队静候着小笼的出炉，店前的这条排队长龙也因此成为豫园有名的“景观”以及南翔小笼的“活广告”。

现如今，上海古猗园南翔小笼馒头的美味依旧为世人喜爱，上海人对它尤其情有独钟。其馅料配制秘方和制作技艺由六代传人以师徒传承的方式薪火相传至今，将南翔小笼馒头的制作技艺不断进行传承和改进。其中，南翔小笼制作技艺更是于2014年正式入选文化部第四批国家级非物质文化遗产代表性项目，成为首批进入非遗名录的小吃类非遗。除此之外，上海南翔馒头店现已在国外成功发展连锁网点，相继落户日本、韩国、印度尼西亚、新加坡、马来西亚、香港等国家和地区，海外分店数量已达16家，成为豫园美食大使，传播中华餐饮文化。

浙醋姜丝味悠长，薄皮嫩肉齿留香

各地都有包子，然而南翔的小笼包却尤其出名，其关键在于它拥有独特的配方和魅力，做工讲究，且肉馅精良，外加其最大的特点“小”。小笼采取“重馅薄皮，以大改小”的方法，选用精白面粉擀成薄皮；又以精肉为馅，不用味精，用鸡汤煮肉皮取冻拌入，以取其鲜，撒入少量研细的芝麻，以取其香；还根据不同节令取蟹粉或春竹、虾仁和入肉馅，每只馒头折裥14只以上，一两面粉制作10只，形如荸荠呈半透明状，小巧玲珑，皮薄，肉多，汁足，包含着浓浓的醇香，可谓“麻雀虽小，五脏俱全”。

在全国十大著名包子中，其他包子使用的都是撒面粉的“粉台”技艺，只有南翔小笼皮子的制作使用的是“油台”技艺，就是在制作包子皮时，南翔小笼师傅会直接用手掌把面按成皮子，而不使用擀面杖，让人手掌上的体温，在接触之后就把感情融合在面粉里，达到让小笼包皮子软软的效果，使汤汁在里面也富有弹性。

南翔小笼不仅做法有特色，吃法也与普通包子不同。据说，南翔小笼的吃法有一个“三步走”程序：一口开天窗，二口喝汤，三口吃光。另外，食客们还总结出了把汁水完整吞下肚的经验，即讲究“轻轻提、慢慢移、先开窗、后吸汤、再吃光”。外加吃时配上浙醋和细姜丝，浙醋的酸，细姜丝的微辣，小笼的鲜，几种味道汇集在一起，使其风味别具一格。

从当年第一次在南翔小镇石舫上零售，到今天分店遍及全国各地甚至国外，南翔小笼的变化令人瞩目，然而，它的那份原汁原味、自然淳朴却始终不变，吸引着一批又一批的食客，也一直被视为最能代表上海这座城市的味道。戳破面皮，蘸上香醋，就着姜丝，咬一口南翔小笼，然后细细品味，品尝好吃的南翔小笼，品味上海传统的饮食文化。

制作精良质量佳，小笼逐渐出国门

南翔小笼因制作精、质量佳，桂冠频摘。1989年荣获原中华人民共和国商业部优质产品“金鼎奖”；1995年被上海市人民政府财贸办公室认定为“上海名特小吃”；1998年又被中国烹饪协会认定为“中华名小吃”；2000年再次被国家国内贸易局评定为“中国名点”；2001年，被中国烹饪协会评定为“中华餐饮名店”；2002年，被中国烹饪协会评定为“中国名点”；2003年，被上海物价局、上海市技监局、上海市消费者协会评定为“价格信得过单位”；2003年第五届全国烹饪技术比赛中荣获“南翔小笼”金奖；2004年8月，参加世界烹饪大赛又获二枚金牌；2005年度，又获得上海市著名商标、中国商业名牌企业、全国商业顾客满意企业；2006年度获得上海名牌企业、上海老字号、上海非物质文化遗产；2007成功申报HACCP系列认证工作，因而风靡申城，饮誉海内外。另外，蟹黄灌汤包、南翔糟鸡、蟹黄灌汤虾球、腰果酥等获得了“上海市名特小吃”“中国名点”“中国名菜”等光荣称号。

南翔小笼作为中国传统小吃，承载的不单单是美妙的味道，还有细致、耐心的中国“匠心”精神。就像对于南翔小笼馒头制作技艺第六代传承人李建钢来说，他怀着一颗火热的赤子之心，坚持行走在传承中华饮食文化的道路上。几十年间，他的双手从未停歇，以工匠精神用心做好每一道制作工序，对小笼制作技艺一丝不苟、精益求精。虽然现在他很少会亲手制作小笼，但依然坚持在每天五点半第一个到厨房，查看清洁卫生和准备原材料。

在李建钢的带领之下，目前，“南翔馒头店”已成功提升为“精品小笼、高档品牌”，顺应国际化潮流，走出国门，走向世界，成为海内外精明投资者争相引进的著名品牌。它用其品牌和技术输出的方式拓展海外市场，在上海众多的老字号企业中占据首位。此外，“南翔馒头店”在渠道上也追求创新，走出国门，在海外、境外开连锁店。从2003年4月起的四年间，相继在日本、韩国、新加坡、印度尼西亚、马来西亚等地开了16家南翔馒头海外店，给世界各地的朋友们带来了独一无二的中国传统美食，并成为深受国内外顾客欢迎的风味小吃之一。

小笼虽小，却滋味十足。经过这百年间的文化传承与发扬，独具魅力的“小笼文化”也正在从申城悄悄地走向世界，上海的文化标志随着南翔小笼的香气飘散四方。小笼不仅仅停留在它是一种食物，更是海派文化的一个符号。

改革创新落实佳，推动小笼国际化

在如今的新时代背景下，南翔馒头店作为传承百年的品牌老店，依旧创新不断。长期以来，猪肉馅才是小笼的“正统”口味。但在李建钢接手后，便带领团队开始在南翔小笼原味的基础上开发新品，经过多年的探索实践，先后开发出了蟹粉、虾仁、香菇、咸蛋黄、干贝、藕碎等口味，并开发加入各色水果、蔬菜汁的面皮，研发出了五色小笼，为南翔小笼未来更广阔的发展打下了坚实的基础。

虽然在当时，突破传统，推出新口味也引起了不小的争议，但李建钢却始终坚持自己的想法，他认为：“小笼的技艺必须是传统的，但是产品可以不断创新。”所以对于南翔小笼的传承来说，传承的不仅仅是一种技艺与口味，更是对传统文化的尊敬与改良，其中承载的成百上千年的文化、礼仪和风俗，需要在继承中不断创新求变。

南翔小笼从以上这些产品创新开始，逐渐延伸产品线，包括在每年的竹文化节、荷花节都会研制“竹味宴”和“荷花宴”等特色菜肴，打造上海人最喜欢的时鲜货。另外，驻扎在外国的南翔小笼分店也会根据当地消费者的口味和风俗习惯推出创新特色菜品，例如，在日本探索出了虾肉小笼，在韩国根据当地口味尝试了牛肉小笼，在印尼推出了鸡肉小笼等。

“上海小吃数小笼，豫园小笼数一流”，小笼这一小吃虽小，却有着十分丰富的地域文化内涵，是公众认可的一张上海城市名片，它连接着大市场，传承着历史，蕴含着智慧、文化财富。南翔小笼就是如此，通过不断扩展海内外市场，有效激发自身创新力度，不断与时俱进、推陈出新，建构新型品种，成为一个焕发新活力、蓬勃发展的老字号品牌，用历史的醇厚味道影响了一代又一代的人。

味美不怕巷子深，小笼文化广流传

带着对南翔小笼的憧憬，我们小组踏上了寻访百年老字号的旅程。我们发现南翔老街这一带的店铺装潢大都古韵十足，走在街上看着建筑，仿佛跨过时空回到了遥远的年代。熙熙攘攘的南翔老街曲径通幽，走到九曲桥上的中间位置，人流最大、香气最浓处，便是南翔馒头店。店铺的黑色匾额上，用金漆写着“南翔馒头店”几个字，古色古香，耐人寻味。走访时节正值夏季，桥下青翠的莲叶在绿水碧波的荡漾下更显出勃勃生机。在阳光的照耀下，南翔馒头店就像一位慈祥的老人，静静地伫立在池塘边上看着颜色繁多的锦鲤在池中嬉戏。也许是因为主营地方小吃的缘故，虽然都是老字号，但与周边的“绿波廊”等酒楼饭店比起来，南翔馒头店更显得亲切近人。

南翔馒头店的店铺有三层，一楼是提供外卖的地方，只有一个小凉亭，二楼和三楼有餐桌和座椅。店铺内食客很多，人来人往，装修简洁大方，复古的红漆窗柩，黑色的桌子，加上暖黄色的灯光，使人倍感温馨、安宁。我们在店内点了最让人期待的招牌菜——南翔的特色鲜肉小笼，菜单上写着“现点现做”，需要静候半小时。在等待上菜的过程中，随机采访了就近正在品尝小笼的几位顾客，他们表示南翔小笼包的口感确实一绝，来豫园一定要吃一笼南翔的小笼包，才算是领略过上海市井生活的精髓。良久，终于等到小笼包上来，一客精致的小笼包安卧于竹制蒸笼之上，端上桌热气腾腾，每个小笼包，香气四溢，小巧玲珑，形似宝塔。我们迫不及待地捉住小笼包的皱褶处猛然提起，轻轻咬破小笼包皮，把其中的汤汁吸饮入口中，口感特别奇妙，肉馅鲜美无比，在那一提一吸之间，尽享品尝的乐趣。

经过详细的调研，我们还了解到，随着餐饮市场的急剧变化，年轻消费群体的异军突起，一个多世纪过去了，南翔小笼并没有被沧桑巨变所淹没。这主要是源于南翔小笼对老字号核心的传承，不断完善经营理念，紧跟时代潮流。在此基础上，2015年推出了南翔小笼文化陈列馆和体验馆，以传承与发扬南翔小笼文化。尤其是南翔镇官方的小笼馒头文化体验馆，它是一所能让百姓近距离接触南翔小笼，深入了解小笼文化历史与传承技艺的最具地方代表性文化的体验馆。在体验馆开放以后，因其独有的鲜明主题、新颖的展示手段、深入的互动体验，吸引了不少对于“南翔小笼馒头”这一非物质文化遗产抱有好奇和探究的广大市民游客前来体验南翔小笼的制作技艺，他们中有来自本镇和市区的老南翔人、老上海人，还有来自全国各地的游客甚至国外友人。其中，值得一提的是，在展馆二楼的“南翔小笼包工艺现场体验区”，市民游客还可在小笼师傅的指导下，亲手制作小笼，将知识性与参与性相结合，真正地让这门非遗文化亲近百姓、广为流传。现在，老街小笼体验馆还成了不少学校的乡土教育基地，学校会经常组织孩子们来这里体验乡土文化，感受传统技艺的魅力，传承与发扬南翔小笼文化。

通过此次寻访和调研，我们既品尝了“低头蘸醋尝小笼包”

的风味，又感受到了“举头依窗赏九曲桥”的风景，更是深入了解了上海美食文化的“活宝”——“南翔小笼”。作为一家百年老店，南翔馒头店传承至今，不仅将老字号的“食文化”做足、做深，保持与提升传统美食的好品质和独特美味，而且品质上追求精益求精、服务上真诚待人，不断创新改革，为消费者提供更好的味蕾体验；更是将“诚”作为其经商核心，坚持良好的商业精神和商业道德，延续传承美食背后的那份文化，保持老字号百年不忘的初心。而我们需要做的是守护、传承这些百年品牌专注、诚信立业、精益求精的匠心精神，弘扬每一个老字号人所凝聚的价值追求，将优秀的老字号精神品质内化于心、外化于行。

广茂香烤鸭店

——始于宫廷御膳，行于美食民间

寻访人员： 郑思怡　李丹阳　范梦月

指导老师： 姜森云

百年广茂香，源远流长扬天下

上海广茂香经贸发展有限公司，前身为上海广茂香烤鸭店，由何姓广东人创立于1923年，至今已有近百年历史，素有“烤鸭之王”之美誉，进入21世纪后走上了连锁经营之路，以“广茂香”祖传秘方第五代传人为首的技术骨干为企业品牌提供了强有力的保证。

二十世纪二三十年代，民族企业得到发展，上海作为当时中国开放程度较高、经济较为发达的城市，吸引了一批又一批的创业人士前来发展民族企业。“广茂香”正是在这样的社会条件下得以创立并发展的。到了1937年，淞沪抗战打响，四川路上的广茂香不得已进行撤离。等到抗战胜利后，爱吃烤鸭的广东籍居民四处寻找何老板，将他请回去重新开店，广茂香才得以重返四川北路。

新中国成立后，“广茂香”迁到四川北路92号，更名为“广茂香烤鸭店”，即便在当时天下大乱的文革时期，广茂香门口买烤鸭的队伍还是排得长长的。到了改革开放之初，商业发展得很快，人民群众也慢慢从物资供应匮乏的阴影中走出来，吃烤鸭就成了“告别过去、面向未来、改善生活、奔向小康”的象征。据说当时，在广茂香的四周一下子冒出了十几家烤鸭店，形成了一个饶有趣味的“烤鸭美食圈”。但人们依旧认定老品牌，所以广茂香在当时激烈竞争的情形中始终处于鹤立鸡群的地位。在它生意火爆的时候，日产烤鸭1 000多只，烤鸭时常供不应求。

上海广茂香经贸发展有限公司，这家传承百年的中华老字号品牌，现在主营广帮特色烤鸭、烧鹅、烤乳猪、烤排、叉烧、蹄髈及系列熟食，以独特的烧烤工艺秘制调味而闻名。其独创的以“金牌酱鸭”为首的卤味系列产品深受广大顾客好评。除此以外，“广茂香”品牌多年以来获奖无数，1992年荣获中华人民共和国商业部授予“中华老字号”的称号，1993年被评为“上海名特企业”。

百年广茂香，色香味美一招鲜

实际上，“广茂香烤鸭”是源于我国六大古都之一的金陵。1368年，明代开国皇帝朱元璋建都南京，据说明太祖朱元璋“日食烤鸭一只”，故御膳房首创了一套完整的烤鸭技术从而研制出了叉烧烤鸭和焖炉烤鸭。1421年，明成祖朱棣迁都北京，并把烤鸭技术也带入了北京。后来通过商业渠道传到岭南，并逐渐发展变化。终至清末民初，才正式形成了广东烤鸭的特色。

广东烤鸭传入上海，也就是后来的“广茂香烤鸭”，其用料讲究、选材上乘，严格选用生长期不超过2个月、重量不超过2.5公斤、优质无异味的英国樱桃谷瘦肉型白鸭；烤炉独特，由经验丰富的烧烤师傅按照“广茂香”独特的烤制方法，用有近80年历史的老式挂炉，使用炭火烤制而成。力求火力旺，清香味扑鼻；工艺精细，从宰杀、打气、开刀、水泡、上色、灌腔、进炉到放卤8道工序道道严格把关，辅料不用葱姜，每炉烤鸭烤足40分钟。只只皮脆、肉嫩；风味独特，秘制的汤卤经灌腔、高温烘烤、放卤、调味作为本鸭的蘸料，原汁原味、鲜甜味浓。肉味香醇，皮脆肉嫩，香而不俗，肥而不腻，体现了广帮菜肴一以贯之的滑爽鲜口的特征。让人不禁联想到清朝胡子晋的《羊城竹枝词》:“挂炉烤鸭美而香，却胜烧鹅说古冈。燕瘦环肥各佳妙，君休偏重便宜坊。”

由于上海是一个各地风味云集的区域，各地菜系大体上可分为大教与清真两大帮。大教帮又分为苏（州）常（熟）锡（无锡）帮，广（州）帮，潮（州）帮；清真帮则分为南京帮，镇（江）扬（州）帮。苏常锡帮以酱汁卤味为特色，南京、镇扬帮以盐水鸭等为特色，广帮以烧烤、腊味、卤味为特色。而“广茂香”属广帮，源于广东烤鸭，但却又不同于广东烤鸭，口味偏甜，传到上海后降低了甜度，从而立足于上海本地，可以称之为“海派鸭”。“广茂香”烤鸭所用的都是瘦鸭，经过八道工艺烤制，沾着卤汁吃，也不是特别油腻，可以让食客吃得更健康、更清淡，也更符合年轻人的口味，带有浓重的上海地域风味和上海历史文化变迁的缩影。

百年广茂香，创新改革焕新生

在2002年，“广茂香”进行了改制，改变了旧的经营模式，推出连锁店经营模式。新一代的经营者胡丽华提出广茂香品牌生存方式的全新思路：① 因地制宜，根据城市拆迁的特点集中改造，集中搬迁，在新建居民社区开设专营店，连锁经营。把上海人喜闻乐见的广茂香烤鸭搬到他们的身边。② 在传统大型零售店食品店中开店中店。让消费者切身感受到广茂香品牌历史悠久、物美价廉、工艺独特、可靠正宗、货真价实的魅力。

在生产方式上，广茂香根据连锁经营模式的特点要求，调整传统的前店后场生产方式，建立拥有现代化设备的生产基地，将生产的前道环节通过规模化、流水作业的生产形式迅速完成，从而大大提高了生产效率。通过生产方式的革新，广茂香彻底摆脱高成本生产和低效率运营的问题。并引入QS质量控制管理系统，把产品质量把关提高到一个新的高度，建立配送中心统一配送和连锁经营的基本架构。

老字号提供的产品很固定，技艺独特导致产品也多年不变，在这个追求时尚、新鲜的年代，广茂香也经历了产品品种上的全新改革。近年来，新一代“广茂香”人除了秉承经典的老产品和制作工艺以外，大力开拓新的产品系列。目前在保持传统烧烤特色的基础上，已在市场上推出了四大系列共四十余个产品，得到了消费者的普遍认同。

目前广茂香与“上海第一食品”“都市菜园”等注明品牌联手，共同打造熟食工程，为消费者提供健康、安全、美味的品牌食品。另外，广茂香在品牌形象上，通过大胆创新，在原本只有绿、白两种基本品牌色的基础上，引入鲜亮的橙红色，运用全新的装饰形式，为品牌注入了新概念，将目标对象扩大到年轻时尚的新一代，使这家百年老店面貌一新、焕发活力、海派时尚，且生机勃勃，也让广茂香中华老字号重新扬帆起航。

百年广茂香，经典记忆永留存

现在上海的烤鸭店不下百家，遍布全市各个角落，香飘四方，而在老食客中流传着这么一句话："吃烤鸭，广茂香。"遥想当年的广茂香烤鸭店，每当开炉时，烤鸭香气四溢，沿街店面的大橱窗里，一只红光油亮的烤鸭高高挂起在"克罗米"钢管上，吸引着来往的路人，店门一开，早早地就有买烤鸭的顾客排起了长队。除了现烤现卖的烤鸭，广茂香还有叉烧、香肠、烧肉等，卤味也十分不错，所以广茂香烤鸭店一年四季生意都很好。

关于广茂香烤鸭店，还有着这样一段小故事：一天，有一位青年顾客到"广茂香烤鸭店"买烤鸭，要求一定要开一张发票，并告诉营业员，他的祖父刚从台湾回上海探亲，点名要尝尝60年前吃过的"广茂香烤鸭"。孙子为了证明自己买的是正宗货，才特意要开发票的。由此可见"广茂香烤鸭"在顾客心目中的地位。

广茂香烤鸭店凭借自身工场优势，传统加工工艺，以及对企业责任、精神和文化的传承，集百年之精华，又融入当今健康食品之理念，深受大众的欢迎，盛销不衰。如今凭借选材、加工的独特讲究，以百年秘方调味配制的特色，走大众化传统食品道路，将"广茂香"中华老字号品牌进一步发扬光大。

百年广茂香，稳健发展历浮沉

我们团队在实地走访之前，对“广茂香”这个品牌并没有过多了解，仅仅停留在对它的美食印象上，知道它是上海著名的百年老字号餐饮品牌。为了更深入了解百年老字号“广茂香”的发展历程、现状以及其在消费者心目中的地位，我们通过实地走访的形式，与“广茂香”工作人员以及消费者进行直接对话，由此对“广茂香”有了较为全面的了解。

我们前往了“广茂香”许昌路店，到达这家店铺时，映入眼帘的是“广茂香”古朴风格的招牌，颇具年代感。我们慕名品尝了店内的招牌酱鸭，价格实惠，分量很足，烤鸭色如琥珀，鸭皮酥脆多汁、肉嫩味鲜，咸中带甜，不愧被誉为“烤鸭之王”。随后我们对店内的工作人员进行了采访。通过采访得知，“广茂香”熟食店每日客流量稳定，节假日客流量有所增多，客人大多以“回头客”为主，但也有相当一部分慕名而来的游客。另外，我们也对“广茂香”的消费者进行了采访。有消费者告诉我们，他至今仍记得在20世纪90年代，还是孩童的自己跟随母亲在春节排几十米的长队购买“广茂香”烤鸭的情景。从这些被采访的消费者口中得知，“广茂香”对于他们而言，不仅仅是一道菜，更是关于岁月的记忆。

在当今激烈的市场竞争中，老字号企业的金字招牌面临着种种挑战。而广茂香老字号品牌，虽历经百年洗礼、几经浮沉，但经过品牌的不断创新，使其发展道路越走越宽。它通过融入新的元素，在新时期推出了迎合时尚的西式产品。从原先只做烧烤、卤味，到后来又做起了休闲产品，比如真空包装的鸭肫，现在又推出了红肠这样的西式产品。在2003年，“广茂香”又将包装改成了橙色，对橙色的选择也正是证明了他们的企业理念，就如广茂香经贸有限公司董事长兼总经理胡丽华所说:“我想一个80多岁的企业必须焕发勃勃生机才能生存下去。上海既然是一个时尚、海纳百川的城市，就必须融入这些元素。橙色就是对此的最好诠释。”

如“广茂香”一样的百年老字号品牌，大都代表着一个产品、产业的生命力、竞争力，承载着人们基于美好体验、记忆和情感而积聚起的忠诚、信任和美誉。每一个品牌的成长也都有它意味深长的故事，映照着其企业精神，小至企业品牌的创建，大到国家品牌的塑造、品牌的形成，不仅有市场的淘洗、岁月的积淀、初心的持守，更有创新精神、工匠精神、企业精神、诚信精神的熔铸。“广茂香”正是凭借传承这些优秀品质发展和延续下来的老字号品牌。它经营了近一个世纪，至今仍得以发展，不仅是因为其令人垂涎三尺的美食，承载着百年时代记忆，更是因为它有着深厚的文化底蕴和情感内涵，以及实践着“传承、务实、超越、创新”的企业精神，且满足现代餐饮市场“大众化、个性化、休闲化”的主流，坚守特色，传承经典，又不断大胆发扬自主创新精神，不断丰富老字号金字招牌的内涵。在如今大众创业、万众创新的新时期，我们需要将百年老字号精神和优秀品质继续守护、传承、弘扬下去，把诚信和责任放在第一位，把人民利益放在第一位，耐心、细心做好每一件事，才能在往后的谋事、创业道路上，像这些老字号品牌一样越走越宽广，不断发展。